3D 打印丛书

3D 打印

硬件构成与调试

徐光柱　杨继全　何　鹏 | 编著
杨继全 | 主审

图书在版编目(CIP)数据

3D打印硬件构成与调试 / 徐光柱，杨继全，何鹏编著. —南京：南京师范大学出版社，2018.9

(3D打印丛书)

ISBN 978-7-5651-3757-0

Ⅰ. ①3… Ⅱ. ①徐… ②杨… ③何… Ⅲ. ①立体印刷—印刷术 Ⅳ. ①TS853

中国版本图书馆CIP数据核字(2018)第118026号

丛 书 名	3D打印丛书
书 名	3D打印硬件构成与调试
编 著	徐光柱 杨继全 何 鹏
主 审	杨继全
策划编辑	郑海燕 王雅琼
责任编辑	高 珏 郑海燕
出版发行	南京师范大学出版社
地 址	江苏省南京市玄武区后宰门西村9号(邮编:210016)
电 话	(025)83598919(总编办) 83598412(营销部) 83598297(邮购部)
网 址	http://www.njnup.com
电子信箱	nspzbb@163.com
照 排	南京理工大学资产经营有限公司
印 刷	南京玉河印刷厂
开 本	787毫米×960毫米 1/16
印 张	12.25
字 数	209
版 次	2018年9月第1版 2018年9月第1次印刷
书 号	ISBN 978-7-5651-3757-0
定 价	40.00元

出 版 人 彭志斌

前言

随着 RepRap 等开源项目的出现，3D 打印的技术市场正在以极快的速度增长，越来越多的 3D 打印机开始进入普通家庭。对 3D 打印技术发展具有重大促进作用的开源 3D 打印项目 RepRap 最早源于英国，它是世界上第一台多功能、能自我复制的机器，也是一种能够打印塑料实物的 3D 打印机，目前该技术发展主要集中在国外的几个发达国家，相应的中文介绍开源 3D 打印技术的书籍还比较少。另外，开源 3D 打印技术的中文书籍侧重点主要集中在已有的应用上，而对于开源 3D 打印软件的使用和开源 3D 打印硬件的组装及实际打印与调试过程的介绍则更少。

针对上述问题，本书以开源 3D 打印硬件原理为切入点，深入浅出地介绍了 3D 打印的基本原理，软、硬件系统的配置及构成，3D 模型的构建方法以及实际打印过程中可能遇到的问题。帮助读者快速梳理出一个关于 3D 打印技术的清晰概念。

全书内容共分六章。第一章为绪论，介绍了 3D 打印技术的概念，3D 打印的技术分类、材料范畴，以及 3D 打印技术与传统制造技术相比的优势与不足。第二章以 Arduino 为切入点，介绍其对开源 3D 打印技术发展的贡献，随后引入其他常用的打印机控制板。第三章着重介绍了 3D 打印技术中常用的文件格式——STL 文件格式，详细讲述了文件规则，以及生成过程中的常见错误，引入了比较流行的几种 STL 文件分层(切片)处理的算法。第四章介绍了常用 3D 打印软件。第五章介绍了 HOFI X1 3D 打印机的组装实例，这是一款基于开源 3D 打印技术而研发的适用于教学的桌面 3D 打印机，相比于市场上销售的其他开源 3D 打印机而言，这款机器具有结构布局更加简洁，性能更加稳定可靠的特点。第六章对常用的 3D 打印模型网站及建模工具给出了介绍和说明。

本书在编写过程中，参考了大量的相关资料，除书中注明的参考文献外，其余的参考资料主要有：公开出版的各类报纸、刊物和书籍，以及因特网上检索的素材。本书中所采用的部分作品因种种原因与作者联系不上，请有关作者见到本书后与我们联系，以便及时支付稿酬。。在此向参考资料的各位作者表示谢意！

在编写本书的过程中，南京师范大学和江苏省三维打印装备与制造重点实验室的各位老师、杭州先临三维科技股份有限公司的王红梅、施永忠给予了许多无私帮助与支持。最后衷心感谢南京师范大学出版社在本书出版过程中给予的大力支持。

本书的出版得到国家自然科学基金项目（61402259，U1401252，51407095，51605229，50607094，61601228，61603194），国家重点研发计划（2017YFB1103200），江苏省科技支撑计划（工业）重点项目（BE2014009），江苏省科技成果转化专项资金重大项目（BA201606），江苏省高校自然科学基金（16KJB12002）等的支持。

由于知识水平和经验的局限性，书中可能存在疏漏和错误，恳请读者批评指正，多提宝贵意见，使之不断完善，笔者在此预致谢意。

目 录

第一章 绪论

1.1 3D 打印的概念

从来没有什么能像科技一样如此深刻地影响人类的历史和生活。从蒸汽火车到汽车再到飞机，从电话的发明到万维网的出现再到今天智能手机的普及，科技的进步总是在不经意间彻底改变人们的生活方式，并给人类带来了更广阔的视野和更多的可能，3D 打印技术很有可能成为下一个改变世界的新兴技术。

3D 打印技术，又被称为增材制造技术（Additive Manufacturing, AM），如今逐渐进入人们的视野。有观察者认为，3D 打印技术将会引发人类历史上下一次工业革命，并对人类的社会、文化、经济、环境、地缘政治甚至安全问题带来深远影响。

如果人们想象中的未来是一部天马行空的科幻电影，那么 3D 打印技术最有可能将对未来的所有幻想转化为人们看得见摸得着的真实世界。3D 打印技术的神奇之处在于它是根据三维模型的信息一层一层地将材料黏合起来得到实物模型，也就是说人们可以任意生产、修复一个即将成型的实物，只需要一台电脑、一个模型创意和一台 3D 打印机，在简单地操作电脑后就可以在商店、工厂、医院、学校甚至是自己的家里构建出想要的东西。

在互联网广泛覆盖的今天，人们可以很轻易地从网上下载某个产品的模型文件，并将它们打印出来；人们也可以利用深度扫描仪（如微软 Kinect 系列和华硕 Xtion Pro Live 系列）甚至手机、平板将现实生活中的物体（如使用 AutoDesk 公司的 123D Catch 软件）转换成模型进而加工造型，得到想要的实物。从某种意义上讲，利用 3D 打印技术我们所想与所得之间的距离将会大大缩短。相信随着 3D 打印技术的发展和普及，人们对已经熟知的世界的看法将会发生巨大的改变。

1.2 3D 打印的技术流程

1.2.1 实物成型方法概述

人类对于实物成型方法的研究和应用有着十分悠久的历史，早在 4000 年前，中国人就已经学会了将丝、麻等固定在漆器上使之成型的方法；在传统的金属锻造工艺中，铁匠通过锤炼、淬火等方法使金属成型。发展到现代，人们要得到一个实物模型的方法可以划分为以下几种，如图 1－1 所示。

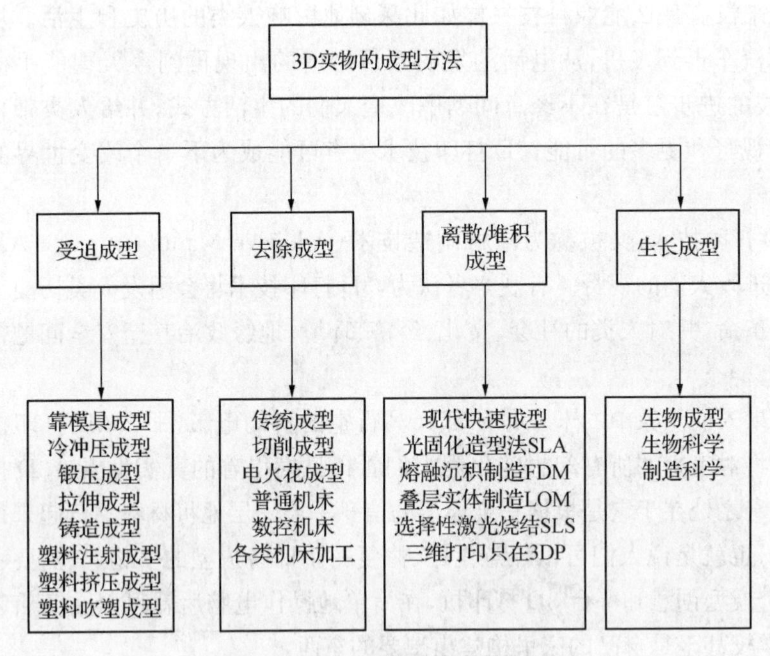

图 1－1 3D 实物成型方法分类

1. 从整体中去除多余部分的成型方法

这种成型方法是人类从石器时代到信息时代延续使用的成型方法。无论是原始人打磨狩猎用的石刃，还是现代社会中通过使用刀具切削金属块得到零部件，只要是把一个毛坯上不需要的部分去除掉，留下所需部分的成型方法，都属于从整体中去除多余部分的成型方法。该成型方法在大规模生产特定零部件时能够发挥最大生产效率，是生产活动中不可缺少的一部分。

2. 通过外力压迫使材料成型的方法

古埃及人早在公元前就已经发现将木材切成薄板后重新铺叠，并用外力长时间压合可以使材料成型。这样的成型过程类似于中国民间用布和糨糊制作鞋垫内底，通过使用黏合剂和长时间压合，迫使布与布之间黏合的方法。现代工艺中金属的拉伸成型、锻压成型、挤压成型以及铸造成型等都属于通过外力压迫使材料成型的方法，这种成型方法需要根据特定的生产需要设计特定的模具或者成型生产流程。由于模具的制作成本相当高，因此模具成型的方法更适用于大批量、大规模地生产某种特定实物。

3. 生长成型的方法

生长成型的方法类似于自然界生物的生长过程，它是一项生物科学和现代工业制造科学相结合的杰作。它通过生物体的生长和细胞分化来组建模型，并通过将生长和成型融为一体来构建一个特定的三维实体。

4. 层叠成型的方法

层叠成型又称为堆积成型或者离散成型。区别于传统制造方法，这种类似小孩堆积木的增材制造技术看似幼稚却包含着不同凡响的威力。它以实物的三维模型为基础，通过使用软件控制数控加工系统，用层层叠加的方法将成型材料（如塑料和金属粉末等）累积成一个实物零件。因为这种三维制造的过程实际上将模型成型过程转化成了每一层的平面二维成型问题，所以不需要使用任何外部工具，且可以根据需要对模型进行一系列的调整，这在一定程度上提高了生产的灵活性和实物的柔韧性。与传统的制造方式相比，这种成型方法更适用于生产数量较小且高度定制的产品，不适合大规模生产特定实体。

想要一句话介绍 3D 打印是件很困难的事情，这不仅仅是因为 3D 打印技术涵盖的范围很广，还在于强行给一项正在发展的技术赋予特定含义会丧失这项技术所蕴含的意义，下面我们将以简单的类比来说一说什么是 3D 打印。

1.2.2 自然界的 3D 打印技术

严格来说，3D 打印真正的“玩家”并不是某个公司或个人，而是大自然。日常生活中许多生物已经做了关于3D打印技术的很好示范，如贝壳。软体动物的外壳膜上有一种特殊的腺细胞，它的分泌物可形成一层保护身体的钙化物，人们习惯于将这层钙化物称为贝壳。有人说贝壳上色彩斑斓的纹路是它一年又一年时光积累的生命线，还有人说这深浅交错的曲线更像是自然造物留下的痕迹。

再如岩石在风沙的剥蚀下形成的造型奇特、美轮美奂的雅丹地貌群落。不过与3D打印技术不同的是，它更像是首先建立起整块的实物，再一层一层地进行造型。敦煌雅丹地貌是大自然鬼斧神工、奇妙无穷的天然杰作，堪称天然雕塑博物馆。

1.2.3 增材制造技术

如果把3D打印技术当作是从零开始进行加法运算的话，现在传统的制造方式则更像是在进行减法运算，即将原材料进行切削等加工，从一个完整的实物中去掉多余的部分得到想要结果的过程。3D打印技术是增材制造技术的一种表达形式，正如前面所介绍的，它是一层一层地将材料在平台上进行堆叠累积，从无到有构建一个实物的过程，类似于人们口中常说的“积少成多，聚沙成塔”。

3D打印技术的一般流程如图1-2所示，要得到一个实物，必须先利用软件将自己的创意转化成数字文件（通常是3D模型文件），由计算机利用切片软件将每一层的模型信息读取出来，并生成指导打印机工作的G-code代码，最后由3D打印机自动完成所有的造型工作。

从某种意义上讲，增材制造技术就像建筑工人建造房屋一样，工人们按照预定的建筑图纸将砖块水泥黏合在一起，完成一层后继续下一层，直到建筑全部完

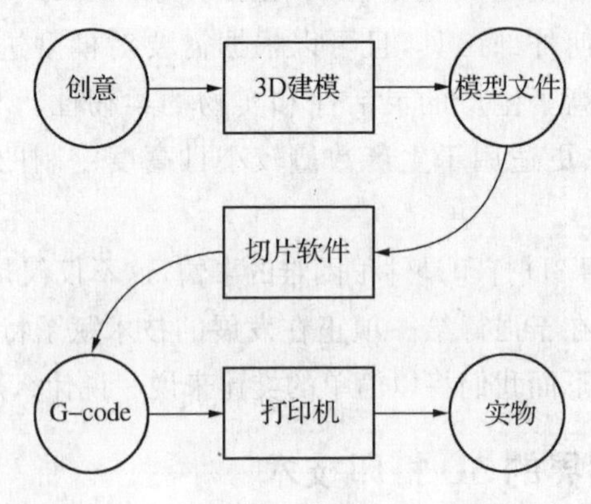

图1-2 3D打印技术的一般流程图

成。在图 1－2 中，“模型文件”扮演着建筑图纸的角色，“G-code”代码扮演着指挥工人搬砖后确定放置位置的包工头角色，“打印机”自然就是勤劳的建筑工人，完成整个实物的造型工作。

1.2.4 3D 打印技术分类

人类在 3D 打印技术实现过程中花费了 120 多年（1860—1988）的时间，从最基础的多照相机实体雕塑技术做起，到 3D Systems 公司设计出世界上第一台基于立体光刻的工业级 3D 打印机，人类一直没有放弃过对 3D 打印技术的探索与追求。3D 打印技术发展到今天已经演化出了许多的分支，宽泛地讲可以分为三类，分别是选择性黏合技术、选择性固化技术和选择性沉积技术。下面我们将简单地介绍这几类打印技术。

1. 选择性黏合技术

如图 1－3 所示，选择性黏合技术通常是将石膏或者金属等粉末采用黏合剂黏合，或者热熔断技术构造实物的一种方法。这种技术最典型的代表就是选择性激光烧结技术（Selective Laser Sintering，SLS），该技术使用激光将粉末烧结成实物的每一层，其中第一层烧结在 3D 打印机的平台上，在第一层构建完成后其他层依次烧结，直到完成整个模型的构建任务。

在整个打印过程中，粉末起着支撑模型的“砖块”作用，因为“砖块”很小，所以能够构造非常复杂的结构和极其微小的图案。但由于熔化粉末材料需要很高的温度，该技术配套的硬件十分昂贵，所以这类技术的成本很高。

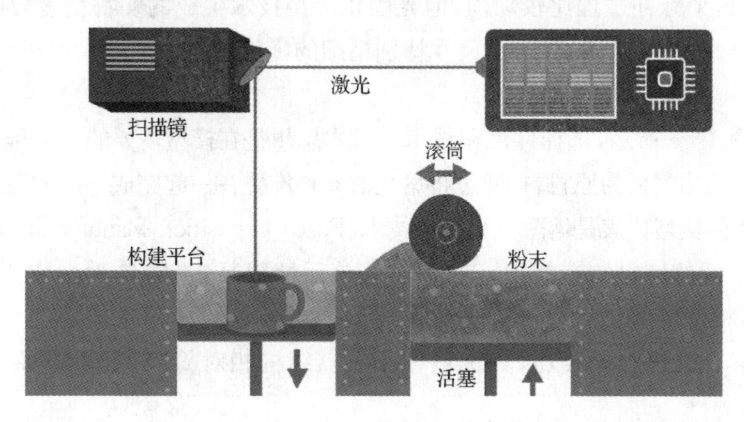

图 1－3 选择性激光烧结技术原理图

2. 选择性固化技术

如图 1－4 所示，选择性固化技术是对液体有选择地施加能量使其固化的过程，在固化一层后打印平台会向上或者向下移动进行下一层的固化，平台每次移动只能完成实物的一层造型。和选择性黏合技术一样，模型的第一层往往构建在平台上，在一层构建完成后平台会移进或者移出液体槽，直到完成所有层的固化成型。选择性固化技术的典型代表就是光固化成型技术(Stereo Lithography Apparatus，SLA)，该技术利用紫外线将液态树脂固化得到实物。

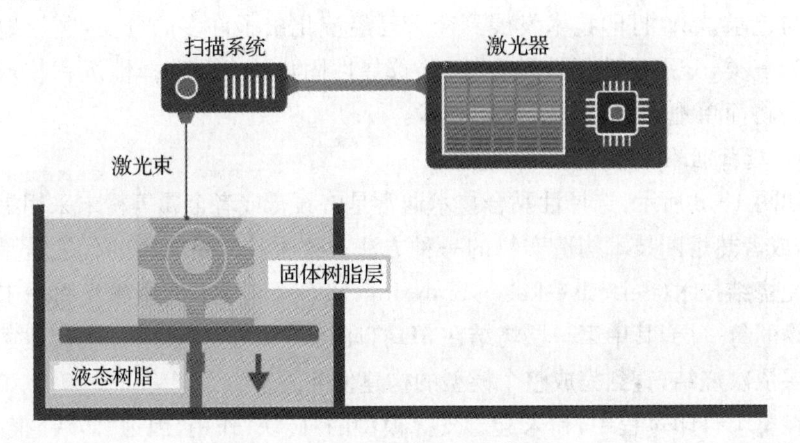

图 1－4　光固化成型技术原理图

由于树脂材料的高度黏性，模型从平台上被取下后可能需要进行进一步的修补，而这个修补过程比较烦琐，但光固化成型技术生成的实物精度较高、质量可靠，适合制造形状特别复杂、尺寸特别精细的零件。

3. 选择性沉积技术

如图 1－5 所示，选择性沉积技术的基本思想是在模型需要的地方堆叠原料，该技术多使用塑料为原材料，通过将熔化的丝料堆叠在一起完成一层的造型工作。这类技术的典型代表是熔融沉积制造技术(Fused Deposition Manufacturing)，是一种应用广泛的增材制造技术。这种工艺灵活性很高，不需要激光作为成型能源，而是将塑料熔化后，挤出成丝，由线到面再到点的过程来构建实物。这项技术与其他几种技术相比，其优点在于机器结构相对简单，维护方便，成型速度较快。

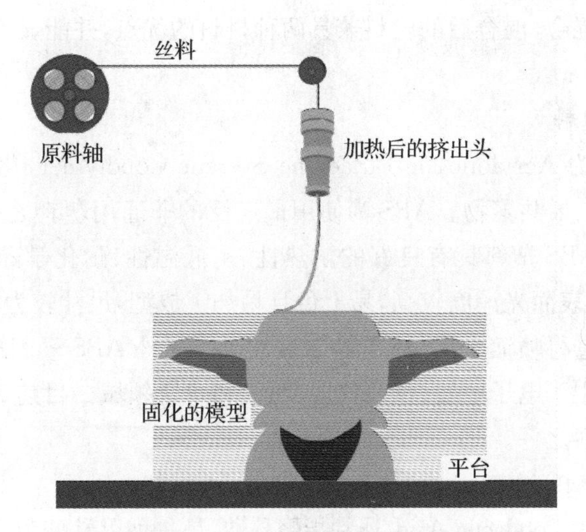

图 1－5　熔融沉积制造技术原理图

1.3　3D 打印的原材料

3D 打印技术的发展和其材料的发展是密不可分的，从这项技术诞生之日起，人类对于 3D 打印材料的探索就一直没有停止过。如今利用 3D 打印技术，我们已经可以获得更宽泛的原料来源，比如金属、黏土、尼龙、食物、PLA 塑料、ABS 塑料和生物材料。

材料的选取主要取决于特定的目的和平台，如果想要将一个简单的想法转化成实物，那么最佳的选择就是使用桌面级开源 3D 打印机并选择塑料为材料；如果想要设计一个特定尺寸的金属齿轮，那么最好的选择当然是使用金属打印机并选择特定的金属粉末作为材料。下面我们简单介绍几种常见的材料。

1. 尼龙

尼龙又叫聚酰胺纤维，在其为粉末状态时利用烧结技术，料丝状态下时利用熔融沉积制造技术进行 3D 打印即可将其制造成理想的形状。尼龙具有耐磨、抗腐蚀、韧性好、质量轻的特点，被广泛应用于工业、医疗等领域。

实践证明，尼龙是 3D 打印的可靠材料。尼龙打印材料通常为白色，我们可以在打印前或者打印后将其染成需要的颜色。尼龙也可以和其他材料的粉末

(如铝粉)进行混合,混合后的材料兼具两种材料的优点,并能显著提高打印成品的质量。

2. ABS 塑料

ABS 全称为 Acrylonitrile Butadiene Styrene Copolymer,化学名称为丙烯腈-丁二烯-苯乙烯共聚物。ABS 为使用最广泛的非通用塑料之一,也是五大合成树脂之一。ABS 塑料具有良好的耐热性、耐低温性、耐化学药品腐蚀性和抗冲击性的特点,表面光泽度较高,易上色且易加工成型,尺寸较为稳定,人们甚至可以在它表面进行喷镀金属、热压等二次加工。另外 ABS 塑料电气性能优良,因此被广泛应用于电子电器、仪表仪器、纺织和建筑领域。目前 ABS 塑料是 3D 打印的主要材料之一。

3. PLA 塑料

PLA 全称为 Polylactic Acid,通常指聚乳酸,是一种以乳酸为主要原料通过聚合形成的材料。和 ABS 塑料相比,PLA 塑料打印出的产品可以进行生物降解,是一种较为环保的打印材料。PLA 塑料目前主要以玉米、木薯等为原料生产得到。

PLA 塑料的热稳定性较好,加工温度为 170～230℃,具有良好的抗溶剂性(这也是采用 PLA 塑料打印出的模型难以抛光的原因)。PLA 塑料的生物相容性较好,光泽度、手感都很好,颜色种类也很多,目前主要应用于服装、医疗卫生领域。

4. 金属粉末

金属打印是 3D 打印技术中不可缺少的分支,也是整个 3D 打印体系中必不可少的组合部分。现在越来越多的金属和金属复合材料被用于工业级 3D 打印技术,比如常见的铝钴合金。除了铝钴合金粉末外,不锈钢粉末也是应用较多的材料之一,具有较高强度和合适的价格,也相对容易获得。在珠宝行业的关注下,近几年金和银在 3D 打印技术中的使用量有所增加,这两种昂贵的金属给 3D 打印市场增添的“活力”不容小觑。当然,3D 打印不会遗忘钛金属及其合金,这种储量巨大、抗疲劳、耐腐蚀、导热性好、生物亲和能力好的金属在航空航天、医学、化工、电力甚至建筑行业都得到了广泛的应用,现如今结合 3D 打印技术使得钛合金在实际生产中的生命力更加顽强。

5. 生物材料

生物材料的打印技术仍在发展中,到目前为止,3D 打印胚胎干细胞的技术还处于研究阶段。现有的培养人造组织的方法是在培养皿上或其他材料上添加细胞，待其自然生长，可是速度缓慢；而 3D 打印技术是在液体或者凝胶上直接打印出生物组织，速度比传统方式要快得多。利用生物材料（如胚胎干细胞）打印得到人类的器官的研究从来没有停止过。相信在未来的一天，3D 打印技术会让医学界发生翻天覆地的变化，患者器官移植所需要的心脏、肝脏以及其他器官将不再依靠他人的捐赠，而是利用患者自身的干细胞打印而来。

1.4 3D 打印与人们的生活

如果问 3D 打印能打印出哪些与人们的日常生活相关的东西，那么得到的答案将会是：一切。增材制造技术从本质上讲可以制造人类想要的任何东西，从衣服到房子，从茶杯到桥梁，从自行车到飞机，从食物到珠宝，从医疗假肢到活体组织甚至是器官，3D 打印几乎无所不能。

1. 令人惊叹的服装

从古到今人们对美的探索和追求从未停止过。现在有了 3D 打印技术，服装的设计和表达变得更加简单，服装设计师可以更加专注于将自己的灵感转化为现实，而不需要担心其如何实现的问题。

2. 不可思议的食物

未来的某一顿晚饭人们想吃什么，3D 打印就能做什么。设想在未来的某一天，可以打印食物的 3D 打印机普及到千家万户，人们只需要准备相应的原料就可以打印出糖果、蛋糕、面条，不需要一点烹饪技巧就可以吃上一顿美味的大餐，听起来是不是很让人期待？

现在人们可以利用 3D 打印技术直接制作出属于自己的个性糖果。现如今 3D Systems 公司推出了 ChefJet 系列打印机，能直接以砂糖为原材料，先将其平铺在制作平台上，然后微型喷嘴会将食物色素、水和人造香料喷到糖上，等到糖凝固后再进行下一层构造，直到制作出五颜六色的糖果和婚礼蛋糕装饰品。

3. 异想天开的房屋

2015 年 1 月，数栋利用 3D 打印技术建造的房屋在苏州工业园区集体亮相。在这批建筑中，最引人瞩目的要属一幢面积约为 1 100 平方米的别墅了。这栋别墅的墙体由大型 3D 打印机打印而来，仅使用少量钢筋、水泥等材料建造，房屋结构坚固可靠。

该项目的负责人表示，“制造同样的建筑，采用 3D 打印技术，可节约建筑材料30%～60%，工期缩短50%～70%，节约人工成本50%～80%”。除此之外，3D打印的房屋不会渗水，保温性能较好。由于墙体构件轻且强度高，因此其理论上抗震效果会比一般建筑要好很多。如果3D打印房屋能够得到进一步推广的话，相信未来人类的住房问题能得到很好的解决。

4. 疯狂奔驰的汽车

一辆汽车行驶在街头并不是什么新鲜事，可如果它是世界上首款3D打印的汽车呢？这辆汽车全身零件成本约为3 500美元（普通的家用汽车售价在25 000美元左右）。该车制作时长为44个小时，时速最高可以达到80千米/小时。车身的一侧可以清楚看到3D打印层，不过已经被精细地打磨过，整体给人一种现代感。

如果用户怕3D打印的汽车较为简陋，没有普通汽车的驾乘感和舒适度，在日内瓦车展展出了一款名为Light Cocoon的汽车就解决了用户这一问题。由于采用3D打印技术，Light Cocoon汽车外壳每平方米重19克，仅为一张A4纸重量的四分之一。这款车的设计灵感来源于大自然中树叶的纹路和脉络，整车造型别致，极具运动感。该车具有很多优点，如轻量化、高效经济性，并且Light Cocoon呈现出了以3D打印塑造的分枝状载的稳定结构。

1.5　3D打印技术与传统的制造技术的比较

传统的制造技术通常需要昂贵的设备为基础，并根据客户不同的需求对机器进行固定的配置后才能生产大量同质化的产品；而3D打印恰恰相反，更适合在不同的数字模型基础上构建高度定制的模型。表1-1更明确地解释了它们之间的异同。

表1-1　3D打印技术与传统的制造技术的比较

	3D打印技术	传统的制造技术
生产速度	在构建实物之前要设计打印该模型需要的数字模型，打印前需要花费少量时间对喷嘴进行预热，打印的模型越大，花费的时间越长。适合生产小型商品，或者高度定制，或者具有较高价值的商品	需要花费大量时间和资源配置机器，但在配置完成后，生成每一件商品的效率会有所提高。适合批量生产高度一致的商品

（续表）

	3D 打印技术	传统的制造技术
生产花费	前期投入较低，但生产实物单位成本较高且固定。产品生产工作对设计人员要求较高，对操作人员基本没有要求	前期投入较高，但生产实物单位成本相对较低。产品生产工作要求熟练的工人来配置和操作机器
生产适应性	结构复杂或者空心的实物构建过程和普通模型过程相同。模型的数字文件可以被修改或调整，以便生产商对消费者需求的变化做出快速反应。目前，3D 打印技术仍处于发展的初期阶段，可用来打印的原料十分有限	很难生产类似中空的复杂结构，同时，在生产已经确定的情况下改变产品设计会付出极大的代价。但是，整体的生产技术水平相对较高，生产原料几乎没有限制

有分析者认为，随着 3D 打印技术不断发展，利用 3D 打印技术生产的成本还会进一步降低。3D 打印生产成本的降低将会进一步促进 3D 造型生产过程更快、更有效率、更节约成本。3D 打印技术生产一定数量的商品时会比传统制造业更有优势，但对于数量较多的商品，传统的制造业仍具有明显的优势。

1.6 3D 打印技术的发展史

3D 打印技术首次出现于 20 世纪 80 年代后期，那时，他们被称为快速成型技术（Rapid Prototyping，RP）。3D 打印技术的发明最初是为了快速、更具成本效益地创建原型产品。1980 年 5 月，Kodama 博士在日本第一次提交了申请 RP 技术的专利。但不幸的是，Kodama 博士在提交专利申请后的一年内没有完成完整的专利说明书（事实上他还是一个专利律师）。现在人们普遍认为，3D 打印技术的发明可以追溯到 1986 年，立体光刻设备（SLA）得到了第一个专利。该专利属于 Charles · Hull，他在 1983 年发明了 SLA 打印机，后来他创建的 3D Systems 公司是目前 3D 打印快速成型经营规模最大的企业之一。

3D Systems 公司的第一款商用 RP 系统设计完成于 1987 年，经严格测试后于 1988 年开始出售。1987 年，在德克萨斯大学工作的 Carl Deckard，在美国申请了一项关于选择性激光烧结（SLS）快速成型过程的专利。这项专利于 1989 年颁布，后来被授权给 DTM 公司（该公司后来被 3D Systems 公司收购）。1989 年，Scott Crump-Stratasys Inc 公司的联合创始人，申请了一项专利——熔融沉积(FDM)模型专有技术，这项技术是基于开源的 RepRap 模式，如今仍然由该公司持有，并被应用于许多入门级的机器中。同年，EOS GmbH 有限公司在德国由汉斯·兰格创办，现今 EOS 系统是世界各地公认的输出质量最高的工业原型和 3D 印制生产应用系统。

在 2000 年至 2010 年，3D 打印行业开始表现出明显的多样化发展趋势。首先，高端 3D 打印仍然采用非常昂贵的系统，它着眼于生产高价值、高度复杂的工程零件。这项技术仍在继续成长，直到现在才真正开始在航空航天、汽车、医疗和珠宝首饰行业的生产应用中初见成效。在此期间其他 3D 打印技术和工艺也不断出现，例如由 William Masters 提出的弹道粒子制造(BPM)技术、由 Michael Feygin 提出的分层实体制造(LOM)技术、由 Itzchak Pomerantz 等人提出的固体地面固化(SGC)技术以及由 Emanuel Sachs 等人提出的三维打印(3DP)技术，可想而知，20 世纪 90 年代初的 RP 市场上的竞争有多么激烈，到最后只有三个公司存活至今，它们分别是 3D Systems 公司、EOS 公司和 Stratasys 公司。

一方面，在低端市场，3D 打印机正陷入改进印刷精度、速度和材料的价格战之中。在系统本身的优化与市场影响的催生下，2007 年，市场上出现的第一台价格在 10 000 美元以下甚至 5 000 美元以下的 3D 打印机，这些都是普通人所不敢想的。这一年也被许多业内人士、用户和评论家认为是打开 3D 打印技术之门的关键一年，3D 打印技术在这一年获得了大量的用户。

另一方面，桌面级开源 3D 技术开始出现萌芽，Bowyer 博士早在 2004 年就开始构思一个开源的、自我复制的 3D 打印机概念，即 RepRap 开源打印机项目。在接下来几年的探索中，其团队中的 Vik Oliver 和 Rhys Jones 计划通过使用沉积工艺来进行 3D 打印。2007 年，开源的 3D 打印开始获得关注；2009 年 1 月，第一个基于 RepRap 概念的商用 3D 打印机以套件形式进行出售。从那以后，很多类似的沉积打印机已经具有了各自的特点(如 USPS)，同时 RepRap 现象催生了一个全新的商业领域，社会各界的 RepRap 社区都在讨论开源 3D 打印的发展和如何商业化。

在此之后，随着市场的进一步细分，3D 打印技术在工业水平和应用上都有了重大的进展。2013 年是 3D 打印技术发展和整合的重要的一年，因为在这一年中开源巨头 Makerbot 公司被 Stratasys 公司收购，RepRap 开源打印机项目损失了一个重要的伙伴。

1.7 RepRap 的发展史

RepRap 是 Replicating Rapid Prototyper 的缩写，是一种以塑料为原材料的开源桌面级 3D 打印机项目。RepRap 的精髓在于自我复制，即可以打印出自身的大部分组件。RepRap 项目由英国巴斯大学的机械工程高级讲师 Adrian Bowyer 博士在 2005 年创建。经过多年的发展，到目前为止已经开发出了几个主要的版本。这里我们简单地介绍一下。

1. Darwin(达尔文)

第一代产品为 2007 年 3 月发布的 Darwin。

2. Mendel(孟德尔)

第二代产品为 2009 年 10 月发布的 Mendel。相比于 Darwin，Mendel 有了很大的改进，具体表现在以下几个方面。

(1) 在节省桌面空间的情况下提高了打印尺寸。

(2) 一定程度上解决 *Z* 轴卡住问题。

(3) 使 *X*,*Y*,*Z* 轴各方向移动更有效率。

(4) 简化组装 。

(5) 方便更换打印头。

(6) 更轻，便于移动。

3. Huxley(赫胥黎)

第三代产品为 2010 年 8 月发布的 Huxley。Huxley 3D 打印机是 Mendel 打印机的小尺寸版，所以也叫 Mini Mendel，Huxley 是 RepRap 第三代 3D 打印机。Huxley 使用更细的 M6 丝竿和 M3 螺丝(Mendel 使用的是 M8 丝竿和 M4 螺丝)，打印件只是 Mendel 系列的三分之一，所以复制自己的零部件会更快。但是这代产品并没有得到非常广泛的认可，反而是 Mendel 的一个派生产品——Mendel Prusa，由于其更简单、稳定的设计，成为了影响力最大的第三代产品。

由于丝竿框架结构的 Mendel 打印机有 *X* 轴方向抖动的缺陷，Mendel Prusa 被重新设计了一个框架，这就是后来的 Mendel Prusa I3。Mendel Prusa I3 的框架可以是亚克力或铝合金的激光切割件，也可以是木盒，并且安装简单方便，比原始 Mendel 更美观，同时解决了 *X* 轴抖动的问题，这些优点使得该机型变得非常受用户欢迎。

1.8 开源 3D 打印技术存在的相关争议问题

任何一个新兴事物的出现总会伴随着各种争议，开源 3D 打印技术也不例外。针对开源 3D 打印技术的争议点有如下几个较大的方面。

1. 道德的问题

由于 3D 打印技术在理论上是可以直接打印出人的活体组织的，就像克隆技术一样，到目前为止，围绕着这项技术涉及的道德问题的争议从来没有中断过。我们应该怎么做才能不违反道德规律，这个一直没有很好的答案。

2. 知识产权的问题

由于 3D 打印技术的高度复制性，这使得人们可以很轻易地把别人拥有自主知识产权的东西复制出来，因此如何解决相关的知识产权问题将是我们相关部门亟需考虑的一个问题。否则，可能将会对整个社会的创新积极性造成严重的打击。

3. 新的安全问题

有了 3D 打印技术，一些平时被社会禁止流通的物品，如枪支等将会被轻易地制造出来，这些物品由于具有高度的危险性，严重影响了社会的稳定性。因此如何制定相关的法律法规来填补安全问题方面的空白仍是相关法律部门亟需解决的问题。

虽然开源 3D 打印技术确实存在着以上几个方面的问题，但是我们应该辩证地看待这项技术。另外不可否认的是开源 3D 打印技术在将来会给我们的生活带来翻天覆地的变化。正如《经济学人》杂志曾评价的那样："伟大发明所能带来的影响，在当时那个年代都是难以预测的，1450 年的印刷术如此，1750 年的蒸汽机如此，1950 年的晶体管也是如此。而今，我们仍然无法预测，3D 打印将在漫长的时光里如何改变这个世界。"相信随着 3D 打印技术的发展，以及配套的法律法规的完善，3D 打印技术将会使人们的生活变得更美好。我们期待这一天的到来。

思考题

1. 结合人类第一次、第二次工业革命的科技成果，谈谈你对“3D 打印技术将会引发人类历史上下一次工业革命”这句话的理解和认识。

2. 实物成型方法在我们的日常生活中也得到了广泛的应用，请你列举几个生活中用到该方法的例子，并将其进行分类。

3. 除了文中所介绍的生物或景观，你还知道哪些类似 3D 打印技术成型的奇特自然景观？

4. 结合 3D 打印技术的发展历史，谈谈你的体会，并说说你对 3D 打印技术未来发展的想法。

5. 3D 打印技术从诞生之日起便饱受争议，请你选择文中提及的争议问题中的一个，谈谈你的看法。

第二章 开源 3D 打印硬件构成及组装

2.1 开源 3D 打印中的 Arduino

2.1.1 Arduino 及其原理

要介绍开源 3D 打印机，就不得不提及 Arduino，可以说，没有 Arduino 就没有今天桌面级、低成本、开源 3D 打印机的普及。Arduino 是一个便捷灵活、易于上手的开源电子原型平台，其硬件原理图、电路图、IDE 软件及核心库文件都是开源的，人们可以在开源许可范围内任意修改原始设计及相应代码。Arduino 宽松的开源政策使得其被大量低成本地生产，并占有 3D 打印硬件部分不小的市场。Arduino UNO 控制板如图 2-1 所示。

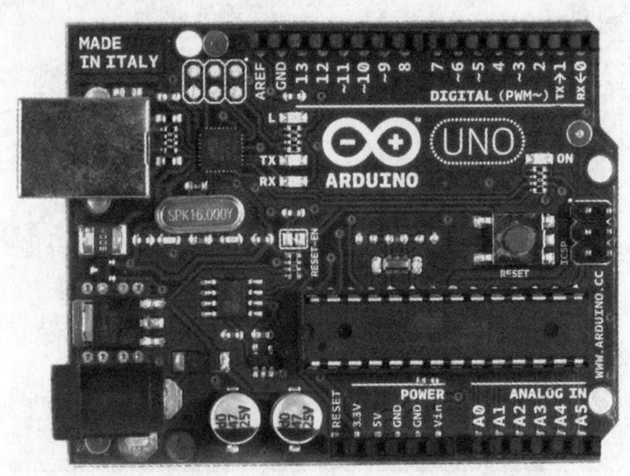

图 2-1 Arduino UNO 板

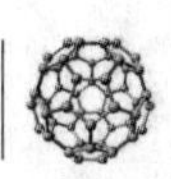

Arduino 开源的硬件开发平台包括一个易学易用的 I/O 电路板和一个基于 Eclipse 的软件开发环境。Arduino 的集成开发环境可以在 Windows、Macintosh OSX、Linux 三大主流操作系统上运行，而其他的同类型控制器大多只能在 Windows 上进行开发。同时，Arduino 也是一个基于简单单片机的开源物理计算平台，可以用来开发互动对象，并从各种各样的开关或传感器获得输入，从电机和其他物理设备输出。Arduino 项目可以独立存在，也可以与运行在计算机上的软件相互通信。

Arduino 最初只是为了教学而开发的，2005 年之后人们对其进行了商业性开发。从那时起，Arduino 就逐渐因其易用性和耐久性在企业、学生以及艺术家群体中获得了极大的青睐。Arduino 成功的另一个关键因素是，在知识共享许可下其所有的设计都是可以免费获得的，这使得 Arduino 不仅限于单片机板，还有许多和 Arduino 兼容的扩展板可以直接插在 Arduino 板上使用，并且几乎在所有领域都有对应的扩展板，这极大地拓展了它的功能。

除此之外，Arduino 的流行还因为其具有以下优点。

(1) 电路设计是完全开源的，开发环境也是开源的并且可以在官网免费下载。

(2) 使用性价比高的微处理控制器(AVR 系列控制器)。

(3) Arduino 支持 ISP 在线系统编程，可以为 AVR 单片机烧入引导程序(Bootloader)。单片机也可以通过引导程序使用串行通信协议在线更新固件。

(4) 可依据官方提供的控制板原理图进行修改，设计出符合自己需求的电路。

Arduino 的这些优点不仅使其在 3D 打印领域大放异彩，也降低了众多电子爱好者的电子开发难度，激发他们利用 Arduino 平台进行设计创作的兴趣。作为轻量级生产工具的典型代表，为适应设计院校需要而生的简易电子创作入门工具 Arduino，如今被应用到交互设计、新媒体艺术教育与创作、产品研发、科学实验、机器人研究等领域中。

2.1.2　各种 Arduino 系列

目前 Arduino 已经设计出各种各样的、应用于不同场合的控制板以满足人们的需要。下面我们就来介绍一下 Arduino 常见的几个版本及其各自的特点。

1. Arduino Nano

Arduino Nano 是 Arduino USB 接口的微型版本，与其他版本最大的不同在于没有电源插座并且 USB 接口是 Mini-B 型插座。Arduino Nano 小到可以直接插在面包板上使用,其处理器核心是 ATmega168(Nano 2.0)和 ATmega328(Nano3.0),同时具有 14 路数字输入/输出口(其中 6 路可作为 PWM 输出)、8 路模拟输入、1 个 16 MHz 晶体振荡器、1 个 Mini-B USB 口、1 个 ICSP header 和 1 个复位按钮。

2. Arduino Ethernet

Arduino Ethernet 是 Arduino 以太网接口版本,与其他版本最大不同就是没有片上的 USB 转串口驱动芯片,而是用了 Wiznet 公司的 Ethernet 接口。Arduino Ethernet 的处理器核心是 ATmega328,同时具有 14 路数字输入/输出口(其中 6 路可作为 PWM 输出)、6 路模拟输入、1 个 16 MHz 晶体振荡器、1 个 RJ45 口、1 个 Micro SD 卡座、一个电源插座、1 个 ICSP header 和 1 个复位按钮。

3. Arduino LilyPad

Arduino LilyPad 是 Arduino 的一个特殊版本,是为可穿戴设备和电子纺织品而开发的。Arduino LilyPad 的处理器核心是 ATmega168 或者 ATmega328,同时具有 14 路数字输入/输出口(其中 6 路可作为 PWM 输出,1 路可以用来做蓝牙模块的复位信号)、6 路模拟输入、1 个 16 MHz 晶体振荡器、电源输入固定螺丝、1 个 ICSP header 和 1 个复位按钮。

4. Arduino Due

Arduino Due 是一块基于 Atmel SAM3X8E CPU 的微控制器板。它是第一块基于 32 位 ARM 核心的 Arduino 控制板,具有 54 个数字 I/O 口(其中 12 个可用于 PWM 输出)、12 个模拟输入口、4 路 UART 硬件串口、84 MHz 的时钟频率、1 个 USB OTG 接口、2 路 DAC(模数转换)、2 路 TWI、1 个电源插座,1 个 SPI 接口、1 个 JTAG 接口、1 个复位按键和 1 个擦写按键。

5. Arduino Leonardo

Arduino Leonardo 是基于 ATmega 32U4 一个微控制器板。它有 20 个数字输入/输出引脚(其中 7 个可用于 PWM 输出、12 个可用于模拟输入)、1 个 16 MHz 的晶体振荡器、1 个 Micro USB 接口、1 个 DC 接口、1 个 ICSP 接口、1 个复位按钮。它包含了支持微控制器所需的一切,人们可以简单地把它连接到计算机的 USB 接口,或者使用 AC-DC 适配器,甚至直接用电池来驱动它。

Leonardo 不同于之前所有的 Arduino 控制器,它直接使用了 ATmega32U4 的 USB 通信功能。Leonardo 不仅可以作为一个虚拟的(CDC)串行/ COM 端

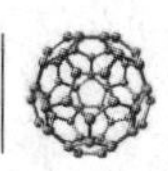

口，还可以作为鼠标或者键盘连接到计算机。

6. Arduino Yún

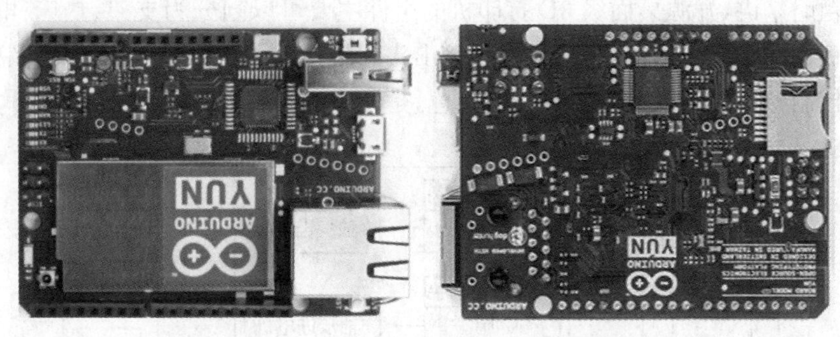

图 2－2　Arduino Leonardo 正面和背面

Arduino Yún 是一个经典的 Arduino Leonardo 版本，它基于的 ATmega32U4 微控制器，常用嵌入式设备的 Linux 发行版，运行 Linino。和 Leonardo 一样，它有 14 个数字输入/输出引脚(其中 7 个可作为 PWM 输出和 12 个模拟输入)、16 MHz 晶体振荡器和 1 个微型 USB 接口。除此之外，它还带 Wi-Fi 功能，可以通过 Wi-Fi 编程；有标准 A 型 USB 接口，人们可以连接 USB 设备，同时有一个 Micro-SD 卡插件，提供额外的存储空间。

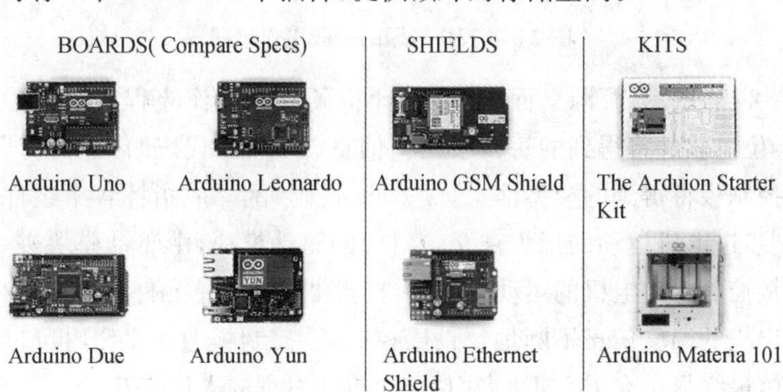

图 2－3　Arduino 官网的产品

图 2－3 为 Arduino 官方网站上的产品，这些产品根据控制芯片的性能和应用场合的不同大致分为 4 类：标准版 Arduino、小型 Arduino、高性能型 Arduino、特殊型 Arduino，不同类型的开发版本以满足不同使用者的需要。

2.1.3 常见开源打印机的硬件电路

粗略来讲，开源桌面级 3D 打印机的组件主要可以划分为支架、热床、电源、控制板、驱动模块、步进电机、(加热)挤出头和限位开关这几部分，其中控制板扮演着控制整个打印过程的“指挥官”角色，是整个打印过程的中枢神经。

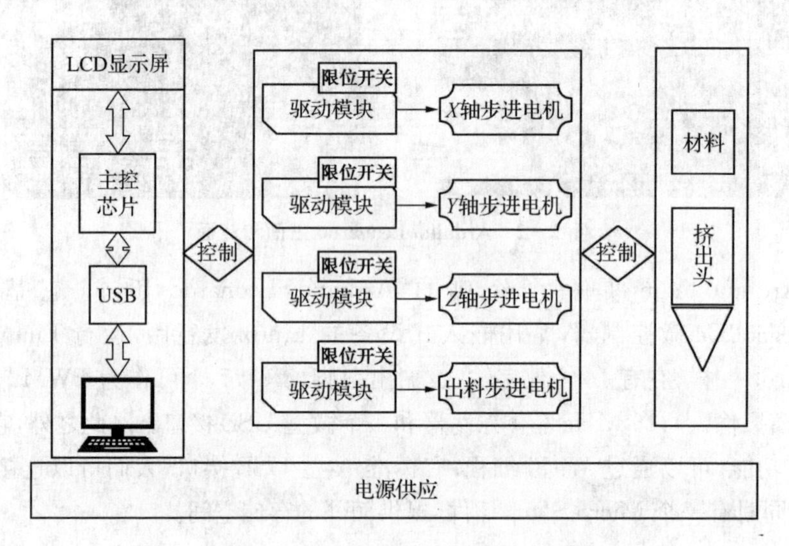

图 2-4 3D 打印的一般工作过程

如图 2-4 所示，开源桌面级 3D 打印机硬件的工作流程从 PC 机开始，PC 机中的上位机软件将得到的每一层模型信息(G-code 代码)传送到打印机的控制板上，控制板将得到的模型信息(G-code 代码)翻译成指挥各个组件的指令，启动控制步进电机运动的指令被交给对应的驱动模块，由驱动模块进一步将其细分，直接控制步进电机的运动。同时，打印机上的传感元件将打印过程得到的热床、挤出头的温度信息不断地反馈给控制板，控制板通过 USB 接口反馈给上位机软件，最终显示在 PC 机上，完成整个打印过程的人机交互。

1. Arduino Mega 2560

Arduino Mega 2560 是现在常用的开源 3D 打印机控制板之一，它使用 ATmega2560 作为主控芯片控制整个系统，搭配 RAMPS 1.4 扩展板和 A4988 驱动模块组成整个打印机的硬件电路。

Arduino Mega 2560 最大的特点是有 54 路的数字信号输入输出，这是为需要大量 I/O 口通信的场景设计的，非常适合用作打印机与 PC 机的控制板。

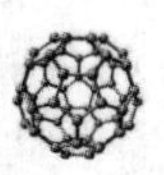

Arduino Mega 2560 的处理器核心是 ATmega2560，ATmega2560 具有 256 KB 的闪存来存储代码(其中 8KB 被预留为启动引导项)，另外还有 8 KB 的内存和 4 KB 的 EEPROM，可以满足打印过程代码存储和翻译任务需求。除此之外，这块控制板还具有 4 路 UART 接口、1 个 16 MHz 晶体振荡器、USB 口、ICSP header 以及 1 个复位按钮，同时兼容 Arduino UNO 设计的扩展板。

2. RAMPS 1.4

RAMPS 1.4 作为和 Arduino Mega 2560 搭配使用的扩展板，其设计初衷就是使用步进电机驱动模块，也就是后面介绍的 A4988 驱动模块。在实际的测试过程中，若直接对 Arduino 控制板进行供电极有可能烧毁Arduino Mega 2560 芯片，所以直接给 RAMPS 1.4 供电即可。

图 2-5　RAMPS 1.4 扩展板与 A4988 模块

RAMPS 1.4 上负载的 A4988 驱动模块上需要加入散热铝片，如图 2-5 所示，如果没有加入散热铝片，电流需要控制在 1.2A 以下，防止 A4988 被烧毁。A4988 的电流大小和步进电机的扭矩具有直接关系，如果用户在打印过程中感觉步进电机的扭矩不足，可以通过调节电位器适当加大 A4988 上的电流。另外，A4988 板子细分配置需要 RAMPS 或者其他板子的短路块支持，以 RAMPS 1.4 为例，其对应 A4988 的驱动都有 ms1、ms2 和 ms3 三个短路块，支持全细分、1/2 细分、1/4 细分、1/8 细分和 1/16 细分这 5 种模式。

2.2 主流 3D 打印机控制板对比

打印机的控制板作为整个打印机的“大脑”控制和反馈着打印机各个部件的一切活动。从某种程度上讲，3D 打印机控制板的好坏直接决定了打印机的性能，也是打印机是否可以长时间按要求工作的重要保证。随着 RepRap 开源项目的发展，大量优秀的控制板被设计和制作出来，目前仅在 RepRap 官网上介绍的就已经超过了 20 种。选购控制板就像选购合适的衣服，不同的控制板有着不同的性能和特点，虽然现如今市场上流行的控制板已经基本可以满足 3D 打印机工作条件和任务的要求，但是用户还是可以根据自己的实际购买能力和实际需要选择合适的控制板。需要注意的是，无论用户购买的是什么类型的控制板，都需要保证控制板的质量。

2.2.1 RAMPS 系列控制板

RAMPS，全称 RepRap Arduino Mega Pololu Shield，是目前最流行的一款控制板，如图 2-6 所示。它设计的目的是用低成本在一个小尺寸电路板上集成 RepRap 所需的所有电路接口。RAMPS 连接强大的 Arduino Mega 平台，并拥有充足的扩展空间。它是一款更换零件非常方便，拥有强大的升级能力和扩展模块化设计的 Arduino 的扩展板，除了步进电机驱动器接口外，RAMPS 还提供了大量其他应用电路的扩展接口，目前市面上售卖的 RAMPS 系列控制板的价格在 50 元左右。

RAMPS(1.4 版)的详细特点有以下几点。

图 2-6 RAMPS 控制板

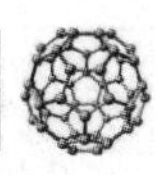

(1) 支持其他器件的控制扩展。

(2) 支持组件和其他安全设施的5A过流保护(可选)。

(3) 支持SD存储卡扩展。

(4) 支持两个*Z*轴电机同时工作(支持Mendel Prusa系列)。

(5) 最多支持5路步进电机驱动模块。

(6) 板载3个MOSFET驱动器,支持加热器/风扇和3个热敏电阻器电路。

(7) 热床具有11A的限流保护。

(8) I^2C和SPI引脚可以用来支持未来硬件扩展。

2.2.2　Melzi系列控制板

Melzi系列控制板遵循RepRap开源项目中的“DIY”理念,却走了一条和RAMPS完全不同的路线。有的DIY(手工制作)爱好者不愿意,或者没有相应的知识去设计和制作一块控制板,他们更愿意集中精力于机械设计和软件方面时,Melzi刚好能够满足他们的需求。简而言之,这是一款即插即用、简单且易于直接上手的RepRap主控电路板。

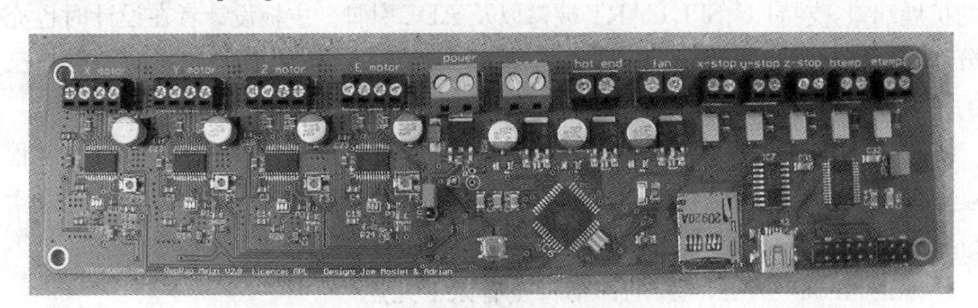

图2-7　Melzi控制板

从图2-7中可以看到控制板上已经十分清晰地标出了各个组件的作用,用户只需要根据Melzi板上的印刷提示就可以完成与打印机各组件的连线工作,十分方便。

和RAMPS系列控制板一样,Melzi控制板也是基于Arduino套件的扩展板,但它是一个完整组装好的RepRap主控板。其一体化的设计和RAMPS控制板相比,稳定性有所提升,但扩展能力有所下降。Melzi控制板能够支持大功率的热床和挤出头加热模块而不需要外接继电器,这是目前其他控制板很难做到的。另外需要注意的是,由于这款控制板的各个模块电路全部焊接在电路板上,用户在使用过程中如果发现一个模块不能正常工作了,就需要将整块电路板更换掉。目前,市售 Melzi 系列控制板的价格在 180～240 元。

Melzi(2.0 版)的详细特点有以下几点。

(1) 使用的处理器为 ATmega1284P。

(2) 板载 FT232RL 接口转换芯片。

(3) 板载 Mini SD 卡插槽,可实现脱机打印。

(4) 板载 Minni USB 接口。

(5) 集成 4 个 A4982 步进电机驱动模块。

(6) 集成 3 个 MOSFET 驱动器热端,热床和风扇。

(7) 控制板中无可扩展焊接点。

(8) 标准尺寸为 210 mm×50 mm×17 mm。

2.2.3 Sanguinololu 系列控制板

Sanguinololu 控制板是 RepRap 开源打印机项目中另一个低成本、一体化的解决方案。Sanguinololu 使用的是 ATmega 644P 芯片,同时也兼容 ATmega 1284,并为步进电机提供兼容 Pololu 引脚的步进驱动程序。这款控制板提供了一个友好的扩展端口,支持I^2C、SPI、UART 端口以及 ADC 引脚。主板设计者在设计时也充分考虑到了电源的灵活性,使得该款控制板支持 ATX 电源,用户也可以根据自己的需要安装电压调节器来适配 7～30 V 电压。

与 RAMPS 相比,Sanguinololu 系列控制板也采用了一体化设计,在一定程度上降低了控制板的扩展能力,提高了其安全性与稳定性。目前市面上售卖 Sanguinololu 系列控制板的价格在 250 元左右。

Sanguinololu (1.3 版)的详细特点有以下几点。

(1) 支持多种通信接口,如 UART、I^2C、SPI、PWN PIN 、ADC。

(2) 支持多电源配置。

(3) 支持 LCD 控制模块,可实现脱机打印。

(4) 支持 4 个步进电机驱动控制板模块。

(5) 板载 2 个 N 型 MOS 管,可驱动挤出机加热头或其他外围设备。

(6) 13 个额外的引脚,可用于扩大和开发。

(7) 标准尺寸为 100 mm×50 mm。

2.2.4 Printrboard 系列控制板

Printrboard 是由 Printrbot 系列 3D 打印机设计团队开发设计的,新版的

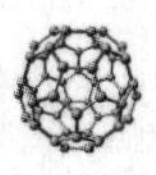

Printrboard在继承了原有的RepRap控制板的功能的同时也做了一些改进，这些改进包括支持添加SD存储卡，支持1/16细分步进点击驱动程序。Printrboard也有扩展接口，支持I²C、SPI、UART、ADC通信引脚。

Printrboard的详细特点有以下几点。

(1) 板载Atmel AT90USB1286(或AT90USB1287)微控制芯片。

(2) 板载4个A4982步进电机驱动模块。

(3) 板载SD卡插槽。

(4) 板载驱动挤出头和热床独立配置的N型MOSFET管。

(5) 板载驱动小功率风扇或马达独立配置的N型MOSFET管。

(6) 4路限位开关接口(最后一路可被配置为紧急停机电路)。

(7) 板载专用的I²C连接口。

(8) 支持2路热敏电阻连接。

(9) 支持多电源配置(继承于Sanguinololu控制板)。

(10) 14个可扩展引脚。

(11) 标准尺寸为100 mm×60 mm。

2.3　桌面开源3D打印机的分类

目前如果按照工作方式来划分，主流的个人3D打印机可以分为笛卡儿打印机(俗称X,Y,Z轴式)和并联臂式打印机(俗称三角洲式)两种。另外我们还将介绍一种不常见的旋转平台3D打印机。一般来说，笛卡儿打印机的打印精度更高，但是打印花费的时间会更长，并联臂式打印机打印的速度更快，打印精度可能会不及笛卡儿打印机。在介绍开始之前，我们需要了解开源打印机的发源地——RepRap社区①。

2.3.1　开源社区RepRap的介绍

直到今天，一台工业用的打印机的售价仍然可以高达几万元，甚至几十万元人民币，这么高昂的价格是普通人所难以承受的。在Arduino开源硬件的支持下，3D打印机的硬件和价格得到了极大程度的降低，但这对于3D打印机的低成本化发展与普及来说还是远远不够。在此前提下，一些有勇气“吃螃蟹”的创

① 社区网址为http://www.reprap.org/

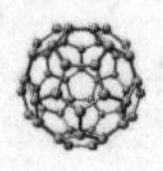

客聚集在一起，组织创建了与 3D 打印相关的开源网络社区，将自己为个人 3D 打印机做出的贡献无偿共享了出来。在这些中文或者英文的开源社区中最有名的要属 RepRap 社区，如果用户想了解更多开源 3D 打印机的相关信息，该社区将会是个很不错的选择，网站界面如图 2-8 所示。

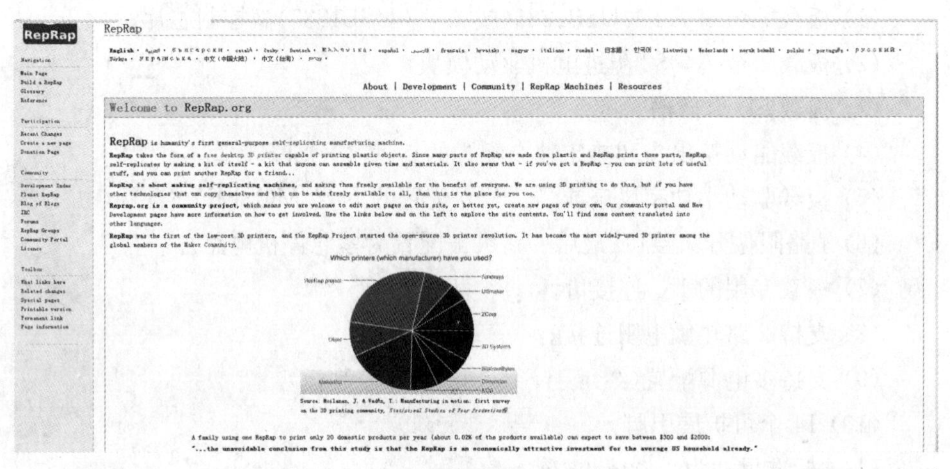

图 2-8　RepRap 网站

正如前面一章介绍过的，RepRap 是世界上第一台低成本开源打印机，同时 RepRap 开源项目也是整个世界的开源 3D 打印机革命的源头和世界上最大的开源 3D 打印机爱好者的交流平台。不仅如此，RepRap 还是一个开放的交流工程，用户甚至可以修改它主页上的内容，创建属于自己的页面，也可以将英文翻译成任何一个国家的语言，方便全世界的 3D 打印机爱好者浏览与查阅。

2.3.2　笛卡儿 3D 打印机

顾名思义，笛卡儿打印机就是将机械运动的方向像笛卡儿坐标一样分为 3 条相互垂直的直线，分别记为 X 轴、Y 轴和 Z 轴。要做到打印机能在 3 个轴上独立运动就至少需要 3 个独立电机，每个电机的运动步伐需要得到精准控制，且每次转动带动传送带前进的度数要足够小。现在笛卡儿类型的 3D 打印机一般都采用“42 系列两相步进电机”，也就是俗称的“42 步进电机”。

“42 步进电机”的步距精度可以达到 5%，每转动一步通常为 1.8°，若能通过细分控制步进电机则可以使其精度达到 1 毫米。在强大的计算机数字控制系统(CNC)的支撑下，笛卡儿型的 3D 打印机可以精确地驱动步进电机，使喷嘴沿着

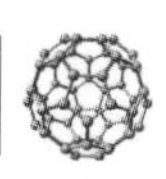

线性轴运动，在指定位置快速而精确地定位，并通过熔积成型技术实现打印模型的快速成型。

笛卡儿式结构的 3D 打印机是目前市场上最为普及的机型，也是发展较为完整的一种，商业化程度也最高。笛卡儿式结构的优点在于计算量简单，3 个轴上的电机分别带动喷嘴向 3 个方向运动，在打印的过程中，Z 轴运动与水平面(桌面)垂直，X 轴在两个 Z 轴电机构成的平面上运动。打印时被打印的物体随着热床的前后运动而运动，Z 轴和 Y 轴电机则负责控制挤出机随着打印层次的需要而上下和左右运动。

笛卡儿式的打印机工作时 X，Y，Z 轴坐标系计算量较小，结构相对来说比较简单，组装、维修起来都较为方便，因此很适合初学者入手。但其对硬件要求比较高，在 3D 打印兴起的初期，这些需求没有办法得到很好的满足，现在由于 Arduino 及其一系列开源硬件控制板的问世，笛卡儿式打印机的硬件依赖得到了满足，这在一定程度上推动了笛卡儿式打印机的普及。笛卡儿式 3D 打印机的代表 Mendel Prusa 系列如图 2－9 所示。

图 2－9　笛卡儿型 3D 打印机代表——Mendel Prusa 系列

2.3.3　并联臂式 3D 打印机

正如前面所介绍的，笛卡儿式的 3D 打印机计算量较小，但是其对硬件的要求很高。在此之前,人们想出了用并联臂结构来减轻笛卡儿式打印机的硬件负担的方法。并联臂的优点在于其结构简单,不容易受制于硬件,但是其数学原理还是笛卡儿坐标系。并联臂式打印机通过三角函数将 X,Y 轴的坐标映射到三个垂直于桌面(水平面)的轴上,通过三个轴的运动来达到移动喷嘴的目的。

并联臂式的打印机一般呈三棱柱形状,由三棱柱上的滑块确定喷嘴的位置。这样的结构设计不仅能节省空间,也能极大地提高打印速度。当然这样的机械结构要比传统的笛卡儿式 3D 打印机复杂得多,其运行速度使打印机对挤出喷嘴的质量和可靠性提出了很高的要求,为了完成对打印机的控制,相对应的写入控制板的固件也比笛卡儿式打印机复杂得多。此外,并联臂式的打印机调试过程会比传统的笛卡儿式打印机更加复杂,初学者一般需要做好相应的准备再进行选择购买和组装。

2.3.4 旋转平台 3D 打印机

旋转平台 3D 打印机与常见的笛卡儿式打印机相比,最大打印面积增加了 200%,零件数量减少了 30%,这些亮点可能在未来被进一步放大,成为自制 3D 打印机爱好者追捧的又一热点。

旋转平台采用的是极坐标转换的数学原理,即将笛卡儿式的坐标映射到极坐标系上。在打印过程中,配套的软件系统会自动将从打印机可以直接识别的 G-code代码中提取出 X,Y,Z 轴的相关数据,并将其转化为极坐标。

一台名为“Blacksmith Printer”旋转平台 3D 打印机在打印过程中,圆形的打印平台持续地向一个方向旋转,而出料喷嘴则沿着直线从圆形打印平台的中心向边缘移动。这种设计使喷嘴和普通的打印机相比节省了一半的距离,同时极大地减少了喷嘴所需要的支撑,使 3D 打印机的结构更加紧凑,但是旋转平台打印机的切片算法很复杂,打印前期处理工作耗时较长。

2.4 市面常见桌面 3D 打印机介绍

现如今,桌面 3D 打印机的种类繁多,发展迅速,不同的 3D 打印机的特点和价格相差也很大。限于篇幅,在这里我们以现今市场上最常见的几款打印机为例,进行简单介绍。

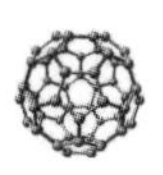

2.4.1　MakerBot 系列

MakerBot 是一家位于美国布鲁克林的 3D 打印机制造和生产公司，现已被工业巨头 Stratasys 公司收购，成为其中一部分。MakerBot 系列 3D 打印机可以称得上是 3D 打印机界的"元老"，谈起 3D 打印机行业，几乎没有人不知道它的名字。MakerBot 公司最初的产品 CupcakeCNC 和 Thing-O-Matic 打印机都源于开源项目 RepRap，但在其商业化运行后其新产品就不再开源，如图 2－10 所示。

图 2－10　MakerBot 系列 3D 打印机

MakerBot 系列的目标是家用桌面市场，使用的是常见的熔积成型技术，并以 ABS(聚合树脂材料)和 PLA(聚乳酸塑料)为打印原材料。如果用户想入手 MakerBot 系列打印机，可以优先考虑 MakerBot Replicator 2，这款打印机被认为是稳定性最好的一款桌面家用打印机，拥有金属外壳和内置 LED 蓝光灯，在打印过程中会有多层塑料保护正在打印的物体。另外这款打印机的打印分辨率可以达到 0.1mm，完全可以满足普通用户 3D 打印的需要。该打印机的售价为 2 199 美元左右，约 1.5 万元(人民币)。

2.4.2　Ultimaker 系列

和 MakerBot 系列打印机一样，Ultimaker 系列也发轫于 RepRap 开源项目，其项目的发展也经历了很长的时间。不过 MakerBot 在商业化之后就不再开源，Ultimaker 却一直坚持。这是一款为数不多的、真正开源的 3D 打印机，用户可以在其官网上找到打印机的零件清单和硬件组装图纸，甚至可以将其进行优化后挂上自己的商标出售。

Ultimaker 的打印范围是210 mm×210 mm×210 mm，以 ABS 塑料和 PLA 塑料为打印原材料。和 MakerBot 一样，它也采用熔积成型技术，使用 PLA 为打印原材料时，其打印精度最高可以达到 20 μm。与 MakerBot 不同的是，Ultimaker 的马达安装在打印机的框架上而不是喷嘴上，MakerBot 通过移动平台进行打印，Ultimaker 则是依赖于喷嘴的移动，所以 Ultimaker 的喷嘴更为精巧，打印速度也得到了大幅度的提升。这款打印机的官方售价为 1 194 欧元，约 1 万元(人民币)。

2.4.3 Mendel Prusa 系列

世界上第一台 RepRep 打印机(这里指具有复制能力)是由英国巴恩大学 Adrian Bowyer 博士在 2007 年开始开发的，并取名为达尔文(Darwin)，如图 2-25 所示，这台打印机可以制作出另一台相同机器的零件，也就是 RepRap 开源项目所追求的自我复制的能力。可以说 RepRap 开源项目的出现打破了 3D 打印机价格的壁垒，使得普通消费者有机会购买一台属于自己的 3D 打印机。

RepRap 的进化还在继续。2010 年，Josef Prusa 在第一代 3D 打印机的基础上进行了优化和改进，使得 3D 打印机可以使用更少的硬件，更简洁的外观，但保留了绝大部分功能，并将改进后的这款打印机命名为 Mendel(孟德尔)。Mendel 的出现大大减少了 3D 打印机的占地面积，并在前几代产品的基础上极大地提高了打印机的精确度和性能。

图 2-11　第一代 RepRap3D 打印机——Darwin

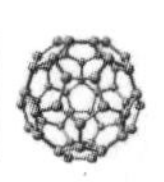

图 2－12　Mendel

图 2－13　Mendel Prusa I3

我们都知道孟德尔是遗传学之父，这款打印机继续保持了 RepRap 自我复制的精神，从 Darwin 到 Mendel，设计者的命名暗示着 RepRap 遗传繁殖能力的延续，如图 2-12 和 2-13 所示。

总体来说，Mendel 和上一代产品相比具有如下优点。

(1) 更大的打印面积，更高的打印精度。

(2) Z 轴上的摩擦减小。

(3) 组装更简单。

(4) 更轻便，占地面积更小。

在 Mendel 3D 打印机的基础上，工程师们设计出了不少衍生产品，目前最有名的要属 Mendel Prusa I3。这款打印机以设计组中核心成员 Prusa 命名，Mendel Prusa I3 系列吸取了前几代 Prusa 在设计过程中的经验教训，使得机器更加稳定、轻便，同时龙门架式的外观非常适合中国人的审美，如图 2-27 所示。

Mendel Prusa I3 堪称低成本开源 3D 打印机的典范，在国内的组装成本大约在 1 500 元人民币，下面我们将会以 Mendel Prusa I3 为例，详细讲解其组装过程。

2.5 RepRap 开源硬件及组装

学会自己动手组装 3D 打印机能很好地锻炼学习者的动手能力，也能在组装过程中逐渐熟悉 3D 打印机，为后面的学习加深一些理解。

本节将以综合性能较好且易于初学者入手的 Mendel Prusa 系列为例，详细讲述其组装和调试过程。我们选择的是在网上购买的最新版本 Mendel Prusa I3 套件来组装。组装 3D 打印机是一件很有趣的事情，在组装过程中初学者会遇到各种各样的问题，这都是深入学习、了解 3D 打印技术的一种方式。对于初学者，我们建议以学习开源打印机为基础，一方面组装所需的零件相对的比较廉价易得；另一方面，互联网上开源打印机的资料较多，在出现问题后可以查阅资料解决。挑选和组装一样都是一个细致的过程，多查阅一些资料，总有一款开源 3D 打印机能符合用户的要求。

2.5.1 Mendel Prusa I3 的材料清单

1. 控制板清单

Mendel Prusa I3 控制板结构及其组成如图 2-14 至图 2-17 所示。

图 2-14　Arduino 2560 主控板

图 2-15　RAMPS1.4 控制板

图 2-16　A4988 驱动模块

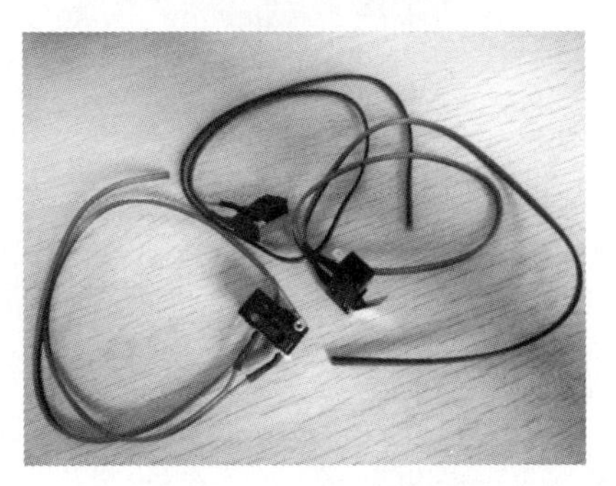

图 2-17　限位开关

2. 五金件清单

Mendel Prusa I3 五金件，如图 2-18 至图 2-23 所示。

图 2-18　605ZZ 轴承

图 2-19　螺母与垫片

图 2-20　进料齿轮与 U 型导轮

图 2-21　直线轴承

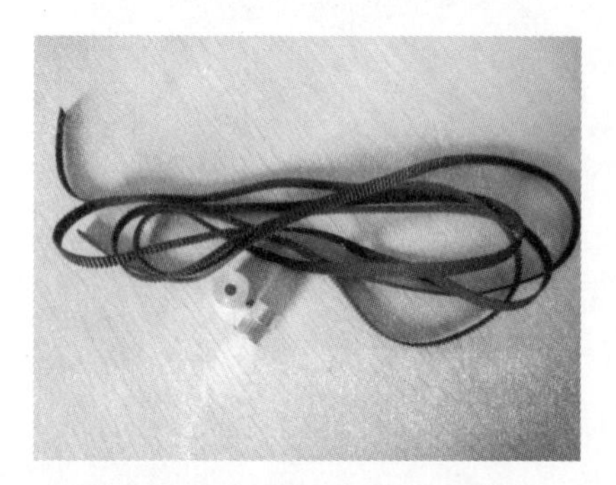

图 2-22　同步轮和同步带

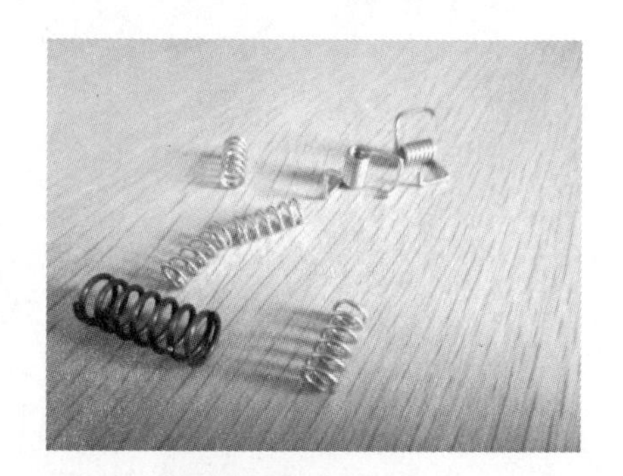

图 2-23　弹簧件

3. 塑料关节

塑料关节的作用是连接打印机各组件，这些都是由另外一台 3D 打印机打印而成，是可以复制的，如图 2-24 所示。

图 2-24　打印机的塑料关节

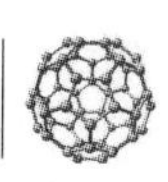

4. 打印机支架

Mendel Prusa I3 打印机支架，如图 2－25 所示。

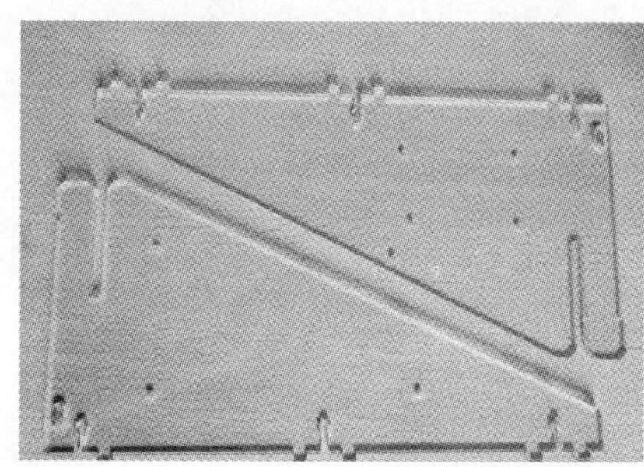

图 2－25　亚克力板支架

5. 导线及螺杆

Mendel Prusa I3 打印机导线及螺杆等，如图 2－26 和图 2－27 所示。

图 2－26　电源线、数据线和扎带

图 2－27　螺杆

详细的清单和各零件的型号可以在 RepRap 社区和 3D 打印机的相关论坛找到。在确认安装所需的零部件全部齐全之后，我们就可以开始组装了。

6. 其他电子元器件

Mendel Prusa I3 其他电子元器件，如图 2－28 至图 2－33 所示。

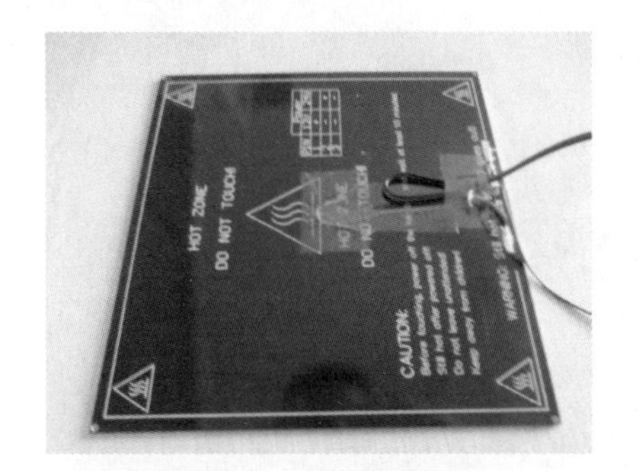

图 2－28 MK 热床

图 2－29 电源

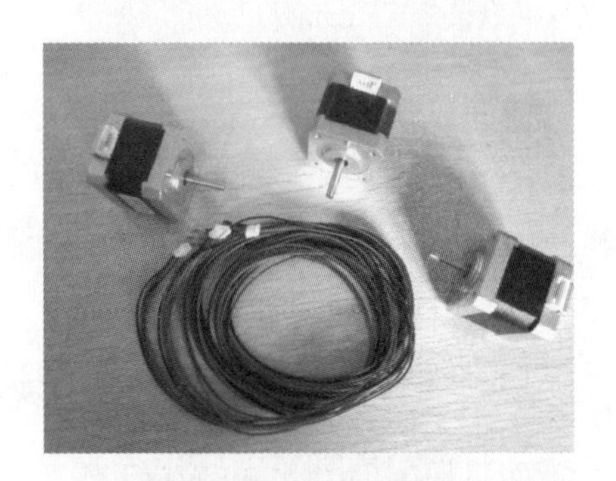

图 2－30 步进电机

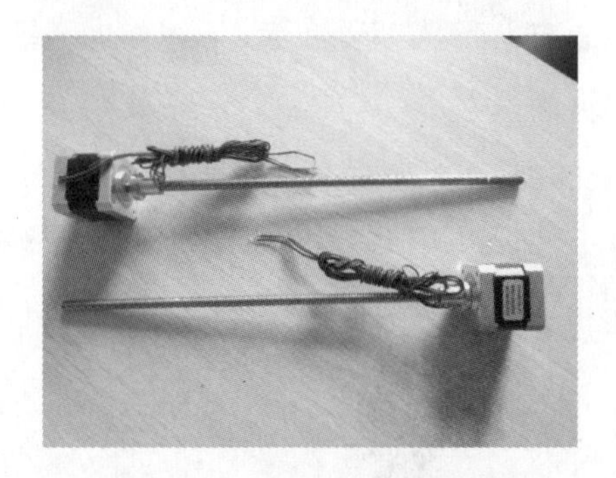

图 2－31 丝竿电机

图 2－32 热挤出头

图 2－33 风扇

2.5.2　Mendel Prusa I3 的组装过程

1. 安装 X 轴同步带导轮

将两个轴承穿进编号为 1 的塑料件里，并用螺丝、螺母将其固定，以备用，如图 2-34 和图 2-35 所示。

图 2-34　安装 X 轴同步带导轮所需零部件

图 2-35　安装 X 轴同步带导轮后的效果图

2. 安装底盘前座

将同步带导轮（即图 2-35 得到的零件）和编号为 2 的两个塑料件，以及两根长为 205 mm 的螺杆（图 2-36）按图 2-37 所示的结构组装在一起，以备用。注意同步带导轮两边的螺丝不要上得太紧，以方便后续整体组装。

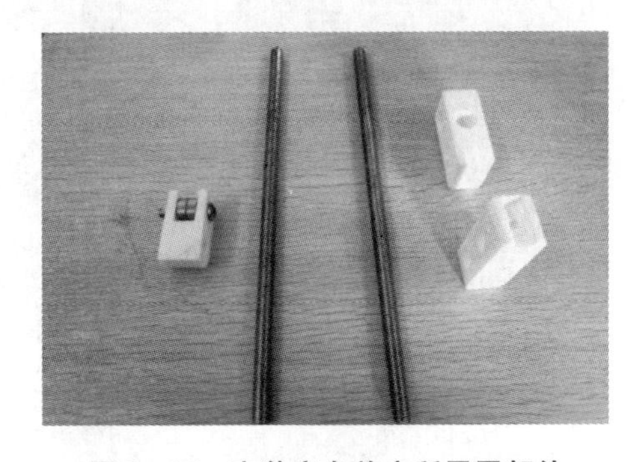

图 2-36　安装底盘前座所需零部件

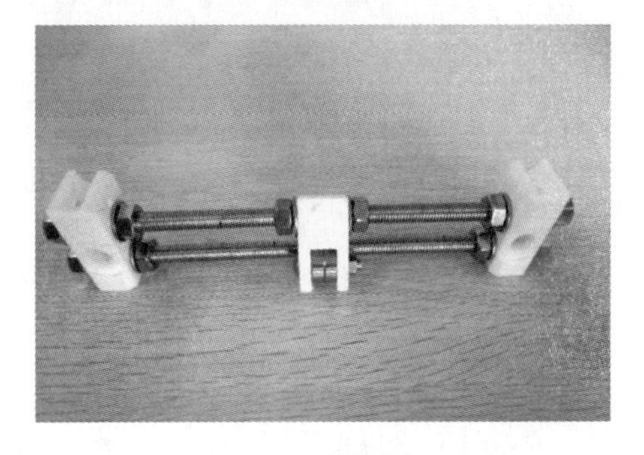

图 2-37　安装底盘前座后的效果图

3. 安装底盘后座

取编号为 2 和编号为 3 的塑料件，以及长为 205 mm 和长为 310 mm 的螺杆（图 2-38），按图 2-39 的结构组装在一起，以备用。这一步要注意，因为需要和其他已组装好的零部件进行对接，所以中间塑料件需要严格按照图 2-39 所示方向安装，且不要将各个螺丝拧得太紧，以方便后续整体组装。

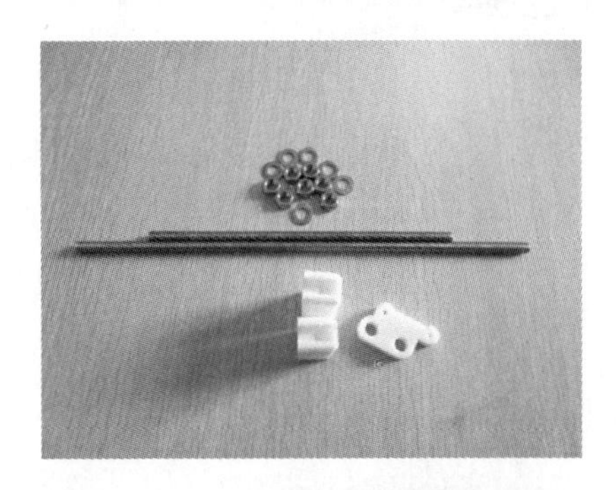

图 2－38　安装底盘后座所需零部件

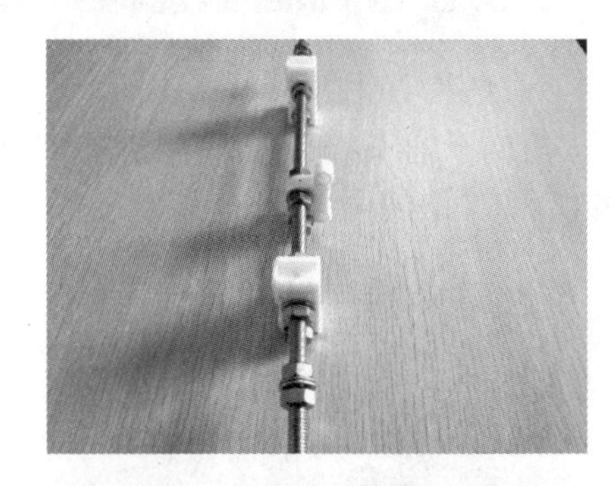

图 2－39　安装底盘后座后的效果图

4. 安装底盘

将图 2－37 和图 2－39 得到的部件按图 2－41 所示组装在一起，完成底盘安装，以备用。前、后座中间的同步带导轮和塑料件两边的螺丝不要固定得太紧，以方便后续步骤中与支撑框架的安装与对接，在底盘可以平稳放置的前提下将所有螺丝固定。若所有螺丝固定后仍无法平稳放置，可将连接前、后座螺杆上的螺丝适当拧松。

图 2－40　安装底盘所需零部件

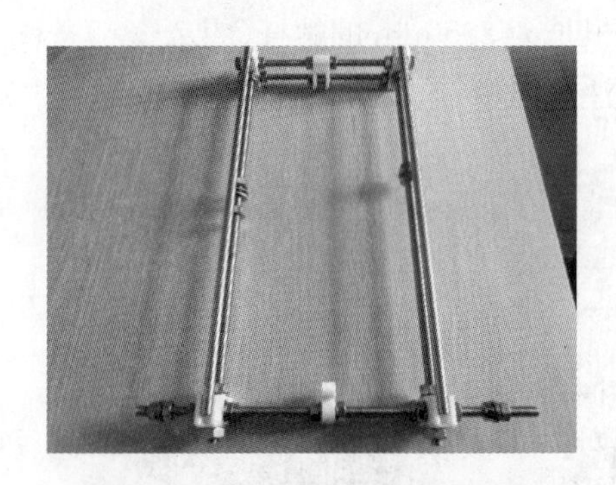

图 2－41　安装底盘后的效果图

5. 安装 3D 打印机支撑框架

这里，我们使用按图纸切割出的亚克力板作为支撑框架，亚克力板因为其韧性好、质量轻、价钱中等、容易被初学者接受等优越的特性被广泛地应用于交通、建筑等领域。但其硬度不够，长时间运输可能导致其变形甚至折断，在 80～100℃时易弯折。有条件的初学者可以使用铝板作为支撑框架，效果会更好。安装完毕后放置一边备用，如图 2－42 和图 2－43 所示。

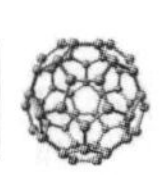

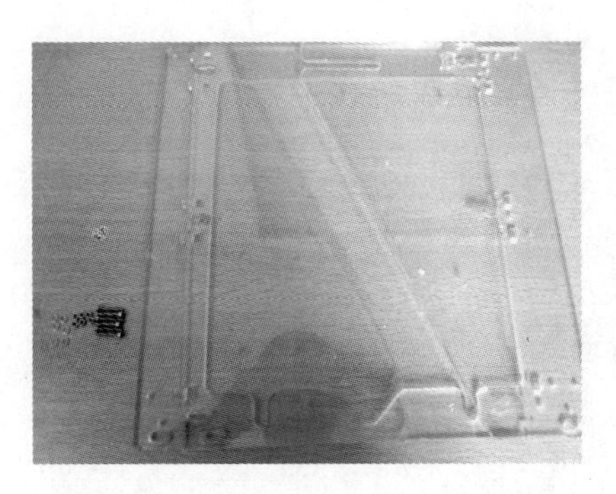

图 2－42　安装支撑框架所需零部件

图 2－43　安装支撑框架后的效果图

6. 组装加热底板

将编号为 4 的塑料件和剩下的亚克力板(图 2－44),按图 2－45 所示的结构组装在一起。这里用的螺母是自锁性的,在安装过程中会出现很大的阻力,请小心地将它们拧在一起,这块部件将作为加热板的底座,而亚克力板上的塑料件将成为加热板在 X 轴皮带的主要受力部位。

图 2－44　安装加热底板所需零部件

图 2－45　安装加热底板后的效果图

7. 组装底板

现在我们已经得到了加热底板、底盘和支撑框架这 3 个部件,按图 2－46 所示,将 3D 打印机的骨架搭建出来。接下来进行下一步的组合。

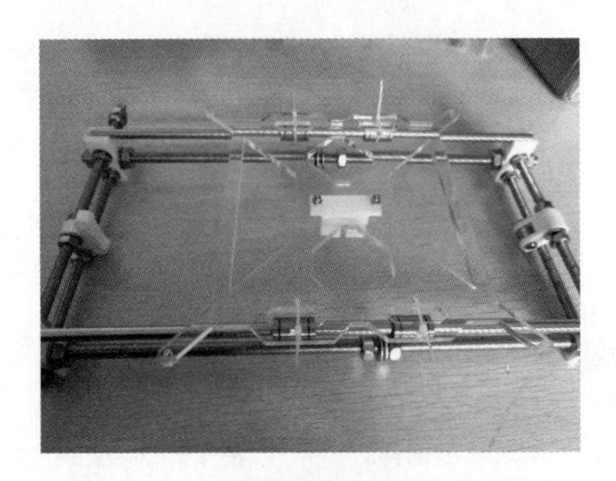

图 2-46 安装底板后的效果图(近景)

取 2 根长为 380 mm 的光滑导轨、4 个直线轴承以及已经组装好的底盘、加热板,将它们按图 2-47 所示的结构固定在底座上,塑料件方向朝下,加热底板和直线轴承之间用扎带固定紧,完成这一步,打印机的底盘就安装完成了。

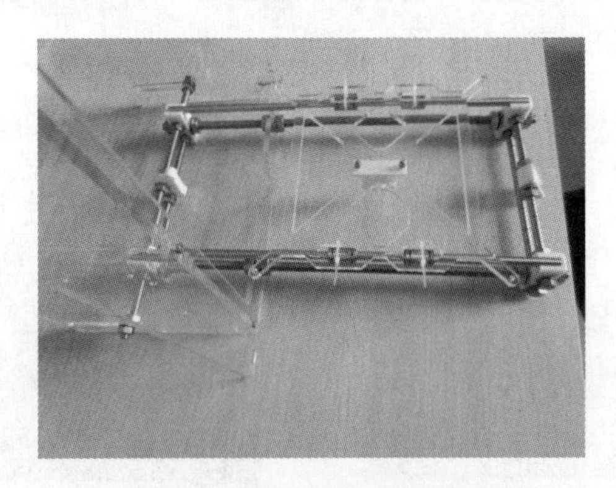

图 2-47 安装底板后的效果图(远景)

将安装好的底盘和打印机支撑框架组装在一起,拧紧并保持底座和打印机能平稳地放置在水平桌面上。安装好后放置备用。

8. 组装 Y 轴

取编号为 5 和 6 的塑料件和 4 个直线轴承(图 2-48),将 4 个轴承按图 2-49所示分别塞进两个塑料件中,以备用。

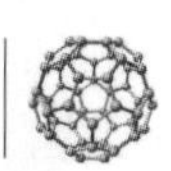

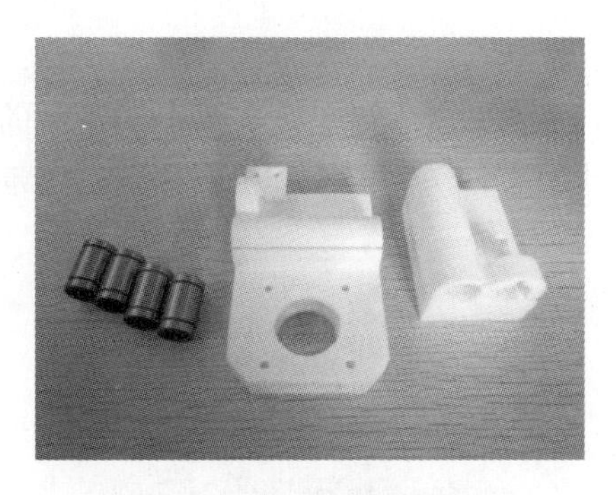

图 2－48　安装 Y 轴所需零部件(1)

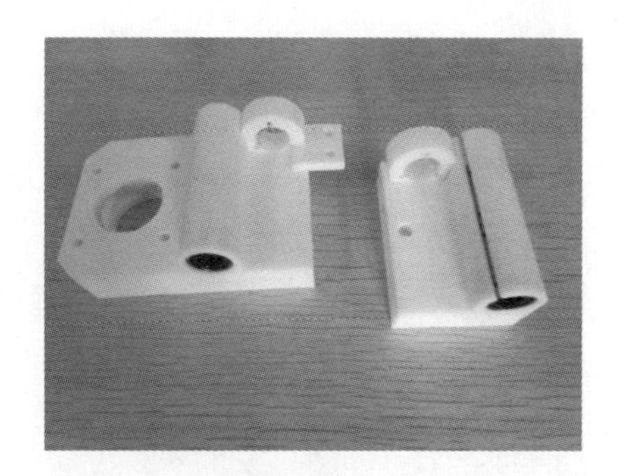

图 2－49　安装 Y 轴后的效果图(1)

将上一步得到的 2 个部件和 3 个直线轴承，以及 2 根长为 370 mm 的光滑导轨按图 2－51 示的结构组装在一起，轴承需要用螺丝、螺帽固定在对应的圆孔中。

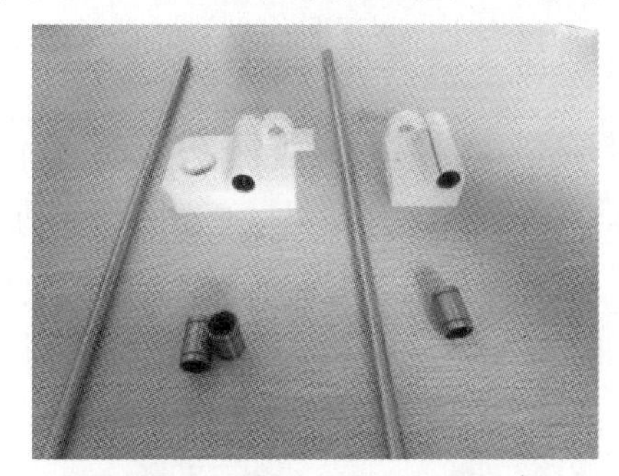

图 2－50　安装 Y 轴所需零部件(2)

图 2－51　安装 Y 轴后的效果图(2)

取编号为 7 的塑料件和扎带若干，先将扎带按图 2－52 所示的形式穿进塑料件，再将塑料件用扎带固定在图 2－51 得到部件的直线轴承上，如图 2－53 所示，安装完成后放置备用。完成这一步，Y 轴电机的支撑部分就安装完成了。

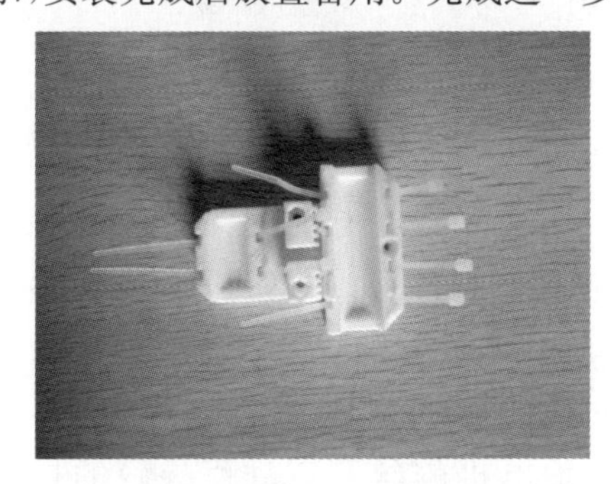

图 2－52　安装 Y 轴所需零部件(3)

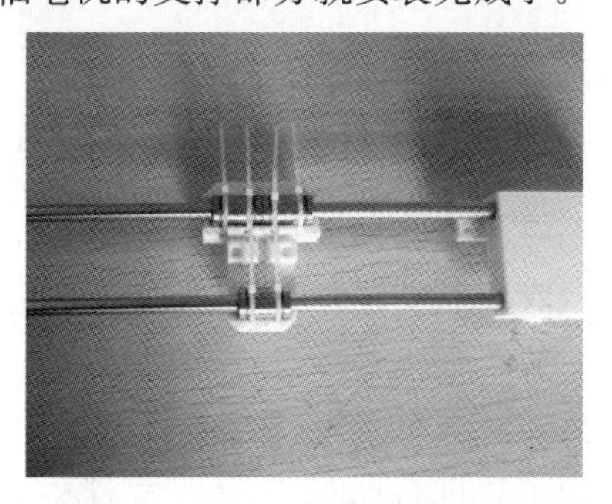

图 2－53　安装 Y 轴后的效果图(3)

9. 固定 X,Y,Z 轴电机

取编号为 8 的塑料件,将其按图 2－55 所示安装在打印机支撑框架正面的左下角和右下角,这一步是安装 Z 轴电机的固定部分,再将两个 Z 轴电机固定在对应的位置,拧紧螺丝。

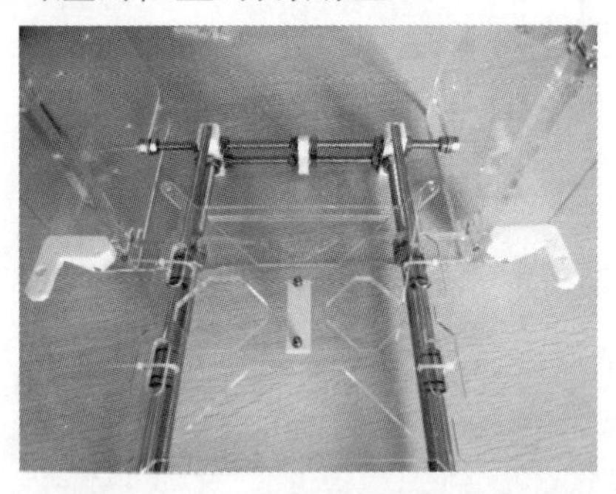

图 2－54　安装 Z 轴所需零部件

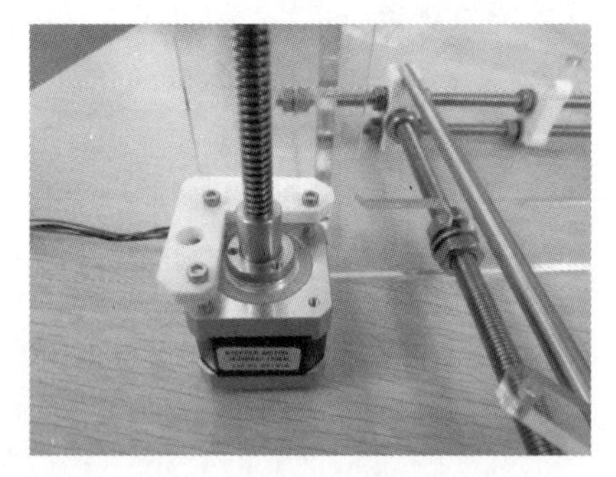

图 2－55　安装 Z 轴后的效果图

取图 2－53 安装得到的 Y 轴部件和 2 根长为 300 mm 的滑竿,将其按图 2－56所示的结构安装在 Z 轴电机的丝竿上,然后取一个步进电机和同步轮,将其按图 2－57 所示的结构安装在 Y 轴左侧的对应位置。Y 轴电机与塑料件之间、同步轮与步进电机之间不要固定得太紧,方便后续步骤的安装。完成这一步,Y 轴电机和 Z 轴电机的固定就完成了。

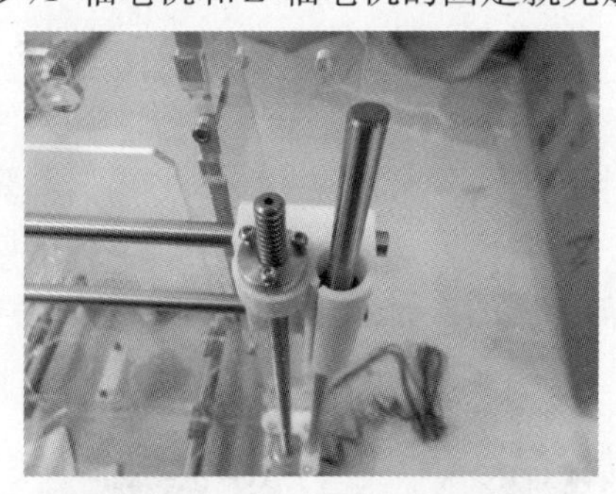

图 2－56　安装 Y 轴所需零部件

图 2－57　安装 Y 轴后的效果图

取一个步进电机,将其安装在底盘后座的塑料件上,并将其固定。取编号为 9 的 2 个塑料件,将它们按图 2－59 所示的方式分别安装在支撑框架的左上角和右上角,将支撑 Z 轴电机的滑竿固定在塑料件对应的空隙中,这个步骤是为了防止打印机在运行过程中由于 Z 轴电机的丝竿震动而导致的打印错位。

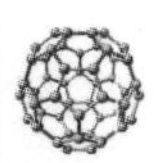

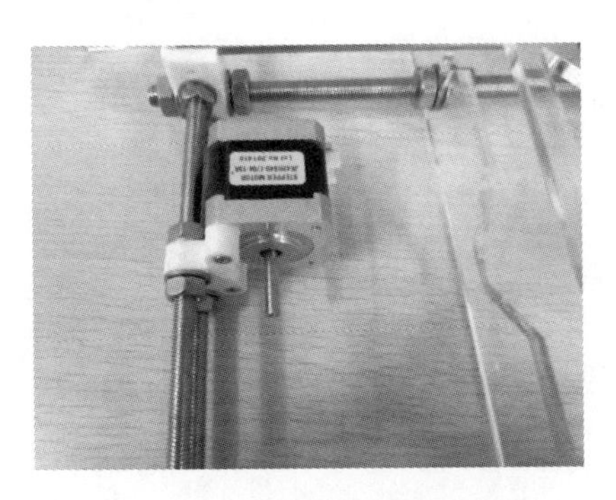

图 2-58　固定电机所需零部件

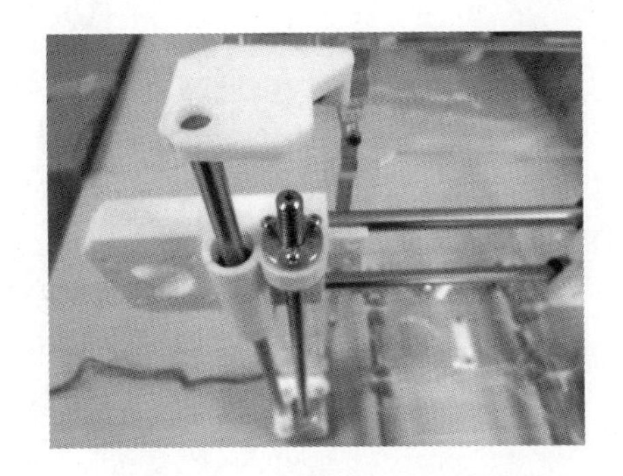

图 2-59　固定电机后的效果图

10. 安装 X 轴和 Y 轴的传送带

取 2 根长约 1 米的三角带，皮带的一端绕过对应步进电机的同步轮，另一端绕过对应的导轮（或者轴承），皮带的断口按照图 2-60 和图 2-61 所示卡进齿中，若有多余的部分用扎带扎起。

图 2-60　安装 X 轴和 Y 轴的传送带所需零部件

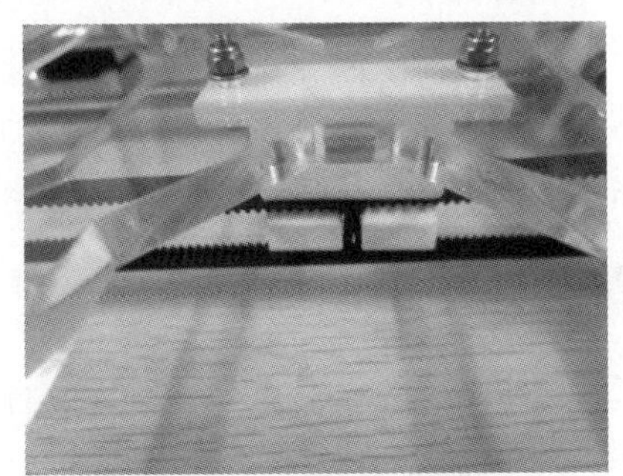

图 2-61　安装 X 轴和 Y 轴的传送带后的效果图

皮带安装完成后，还需要将两个自锁弹簧卡进塑料件附近的位置，防止电机在运行过程中皮带拉伸、收缩造成的打印误差。

11. 安装加热板

将热床导线和 LED 指示灯焊接在热床地板上，如图 2-62 所示，并用耐热的高温胶带固定。将焊接好的热床安装在加热底板上，四个角垫上弹簧，需要注意的是，四个角的螺丝不要拧得太紧，并尽量保持加热板处于水平位置，如图 2-63 所示。

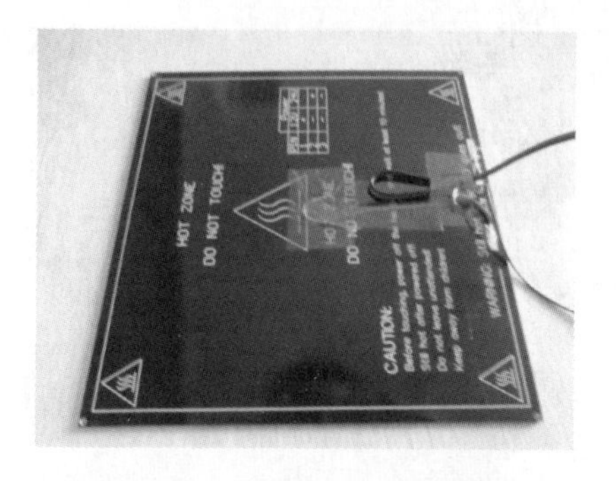

图 2-62　安装加热板所需零部件

图 2-63　安装加热板后的效果图

12. 安装挤出机部分

取编号为 10 的塑料件、轴承和对应的螺丝，将轴承用螺丝安装在如图 2-65 所示的位置。安装在这里的轴承将会和进料齿轮一起，构成 3D 打印机的送料部分，故轴承需要能够自由滑动。这个塑料件打印过程中需要用到支撑技术，故轴承放置的地方可能会很不光滑，可以在安装前用小刀将其清理干净。穿过轴承的螺丝不要拧得太紧，一方面为了轴承能够自由滑动；另一方面，该塑料件的螺丝连接部分比较脆，拧紧会导致其断裂。

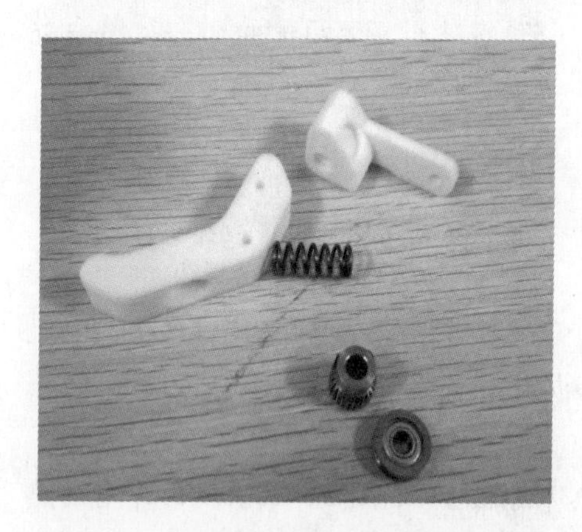

图 2-64　安装挤出机部分所需零部件(1)

图 2-65　安装挤出机部分后的效果图(1)

在进行下一步安装前，建议先将 Z 轴电机的线路用扎带扎起来，以免在后续安装过程中被缠绕或被拉断。

取一个步进电机和编号为 11 的塑料件，将其按图 2-66 所示的形式和前面得到的部件组装在一起，之后将进料齿轮安装在步进电机轴上，位置要使齿轮刚

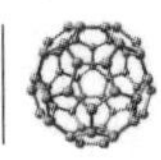

好可以带动轴承转动。

图 2－66　安装挤出机部分后的效果图(2)

取编号为 10 的塑料件、挤出机和 2 个风扇(图 2－67,图 2－68),先将该塑料件固定在 Y 轴的塑料件上,再将挤出机、2 个风扇和上一步安装了进料部件的步进电机安装在编号为 10 的塑料件上,安装后的效果图如图 2－69 所示。

图 2－67　安装挤出机部分所需零部件(2)

图 2－68　安装挤出机部分所需的零件(3)

注意,安装在喷嘴上的两个风扇都是用来给喷嘴散热的,需要保持风扇的风吹向加热喷嘴或者散热片。如果用户为了美观将其有商标纸的一面,如图 2－70 所示朝外安装,那么,该风扇的电源线在接电源时可能需要将正负极反接。

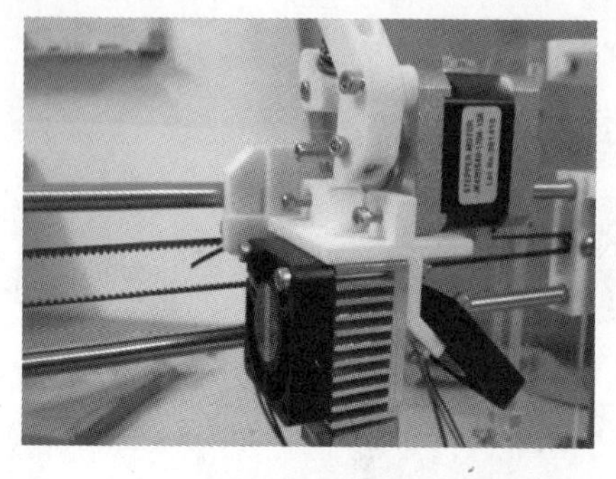

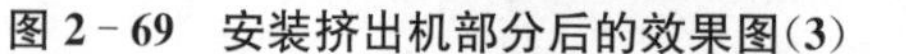

图 2-69　安装挤出机部分后的效果图(3)　　图 2-70　安装挤出机部分后的效果图(4)

13. 安装限位开关

限位开关安装所需零部件及其安装后的效果图,如图 2-71 至图 2-75 所示。

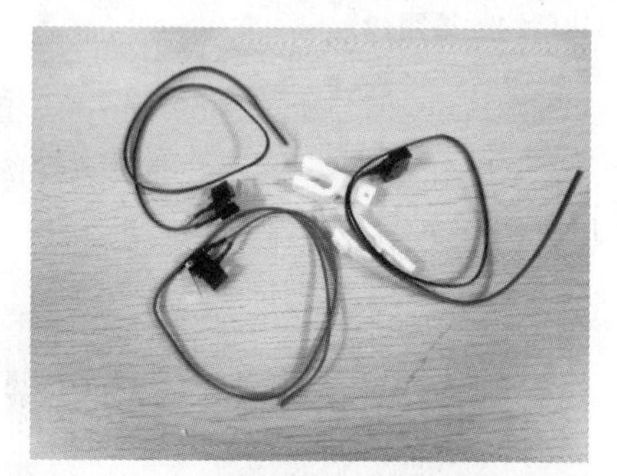

图 2-71　安装限位开关所需零部件

图 2-72　安装限位开关后的效果图

取剩下的塑料件与限位开关进行组装,如图 2-72 所示,将得到的 3 组限位开关组件分别安装在 Y 轴(图 2-73 所示),Z 轴(图 2-74 所示),X 轴(图 2-75 所示)。注意 3 个限位开关组件需要区分安装位置,否则在打印机回到最初位置时不能达到限位目的,从而造成机械损坏。

图 2-73　Y 轴限位开关位置

图 2-74　Z 轴限位开关位置

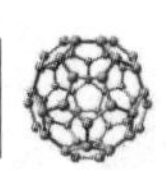

图 2－75　*X* 轴限位开关位置

14. 安装电路

电路安装所需部件及其安装后的效果图如图 2－76 至图 2－78 所示。取控制板 Arduino 2560 与 RAMPS 1.4 及 A4988 驱动模块(4 个),先按图 2－77 所示,将 A4988 驱动模块安装在 RAMPS 1.4 控制板上,注意严格区分安装方向及位置,否则将在通电后烧毁电路板。有条件的用户可以在 A4988 的 4 个芯片上粘上散热铝片,这有助于控制板散热,从而提高打印的稳定性。之后将 Arduino 安装在亚克力板上的对应位置,将上一步得到的 RAMPS 1.4 控制板安装到 Arduino 控制板上即可。

图 2－76　安装电路所需零部件

图 2－77　安装后的效果图

图 2－78　最终安装完成后的效果图

需要注意的是，A4988 驱动模块的插入有方向之分，有电位器的一段需要向上，如果方向插反模块就会烧毁。

15. 安装电源

开关电源接线中的黄、绿、棕色线分别接在 220V 地线、火线、零线上，如图 2－79所示，两组黑线为开关电源 12 V 输出。RAMPS 1.4 电路板的连线方式如图 2－80 所示。最终安装完成的效果图如图 2－81 所示。

图 2－79　电源接线与实物连线图

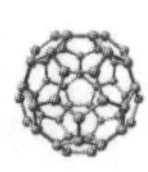

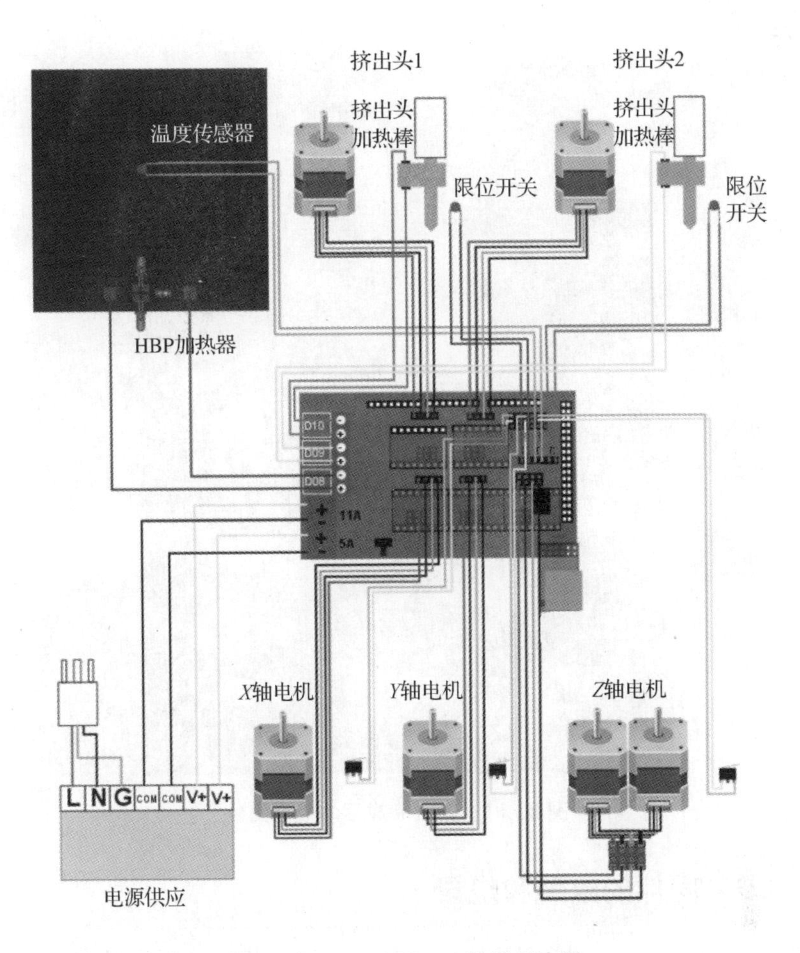

图 2-80 RAMPS 1.4 连线示意图

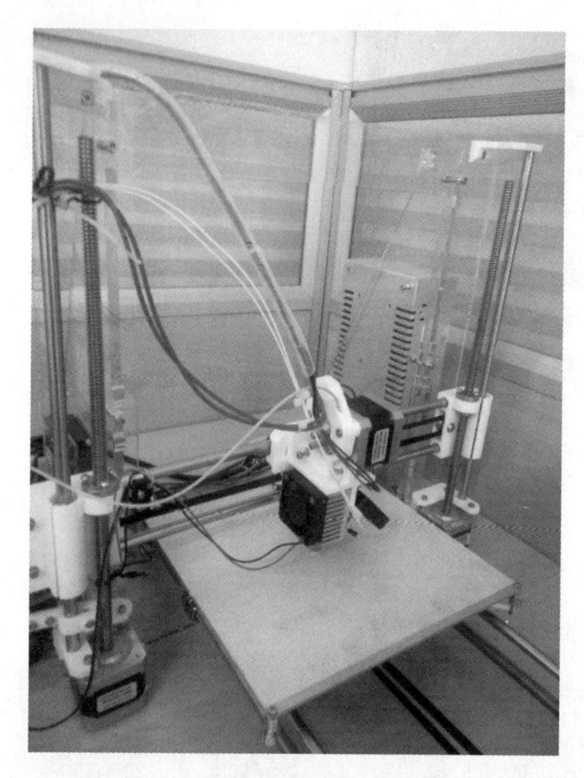

图 2-81　安装完成后的效果图

2.5.3　固件的组装和烧录

在完成上述步骤后，Mendel Prusa I3 的硬件组装部分就已经完成了，接下来就是 PC 机上 Arduino 驱动的安装和固件的烧写过程。在进行安装之前，用户需要从 Arduino 官网上下载 Arduino Mega 2560 的驱动、Arduino 开发环境 Arduino IDE 以及打印机控制板的固件，这里我们选择 Marlin。

1. 驱动的安装

(1) 在确定 RAMPS1.4 扩展板和 Arduino 主控板插槽接触良好之后，通过 USB 线连接到电脑，Windows 7 会自动识别并安装主控板的串口驱动，如果驱动无法自动安装就需要手动安装。具体步骤为：右键点击“我的电脑”→“管理”→“设备管理”，如图 2-82 所示。

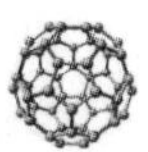

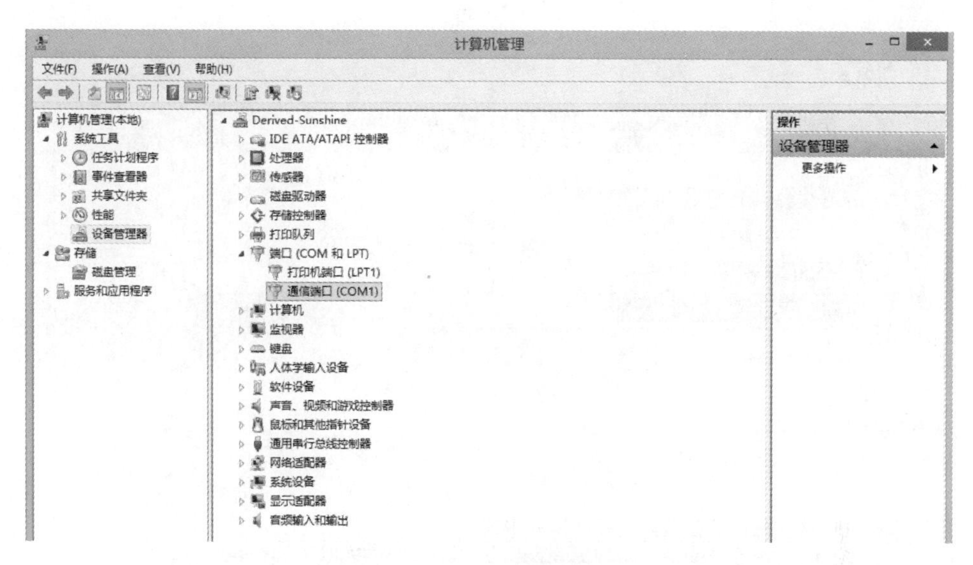

图 2－82　驱动安装步骤(1)

(2) 找到没有被识别的端口，右键点击“更新驱动程序”，之后在弹出的对话框里选择“浏览计算机以查找驱动程序软件(R)”，如图 2－83 所示。

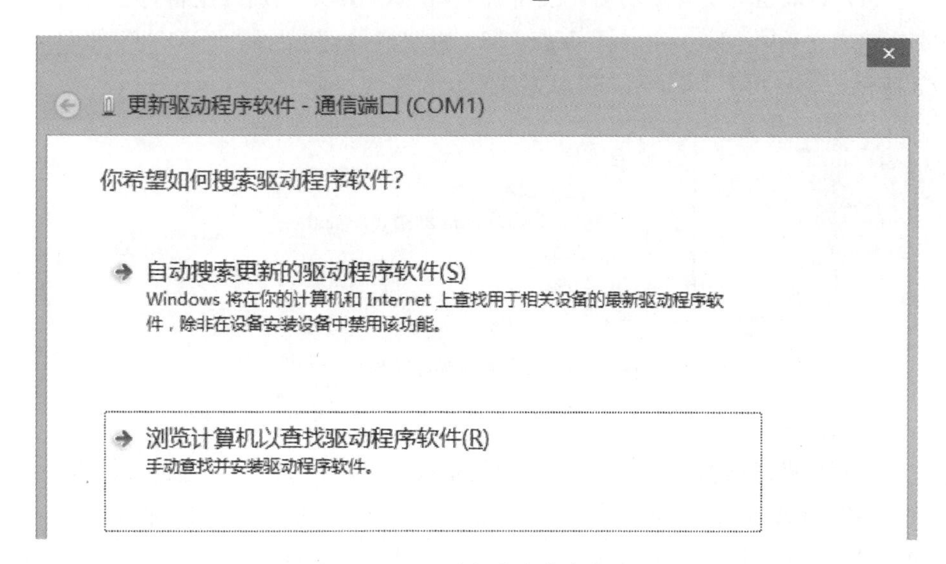

图 2－83　驱动程序安装步骤(2)

(3) 在下一个弹出的窗口中选择下载好 Arduino 驱动的文件夹，注意将整个文件夹选中，再执行下一步操作，如图 2－84 所示。

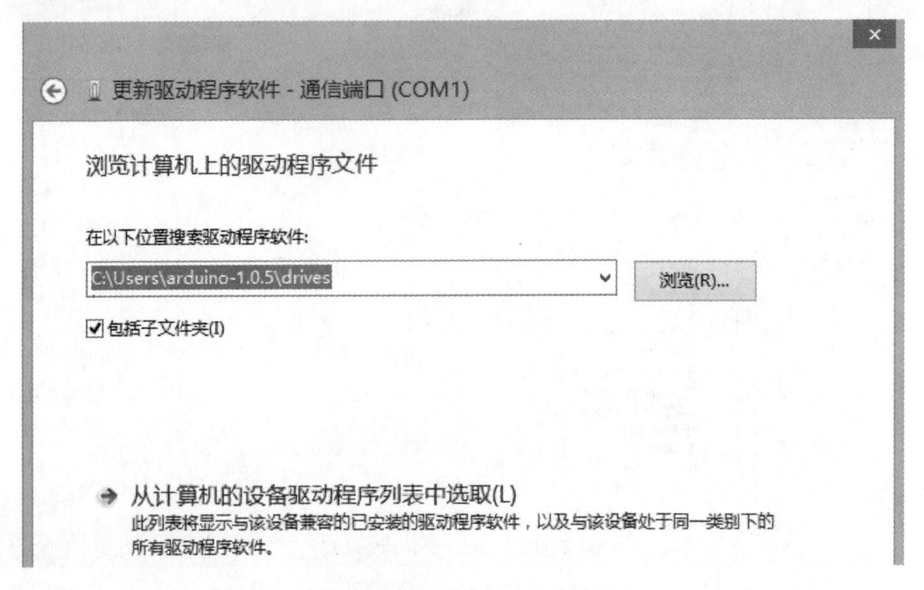

图 2-84　驱动程序安装步骤(3)

(4) 如果驱动安装成功后,“设备管理器”中刚刚未识别的设备将会消失,在安装完成之后,记下 Arduino Mega 2560 的端口号,此处为“COM23”,如图 2-85 所示。

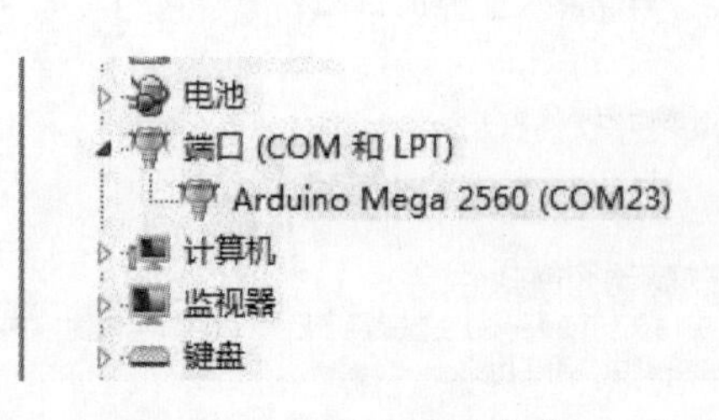

图 2-85　驱动程序安装步骤(4)

2. 固件的刷写

(1) 安装完驱动程序之后,剩下的就是将固件刷进 Arduino 控制板,这里我们需要借助 Arduino IDE 的帮助来完成。从官网上下载并安装成功 Arduino IDE,这里我们将 Arduino 的默认语言改为中文,方便后续操作,具体步骤为“File”→“Preferences”。在“Editor language”中找到“简体中文”,点击“OK”后重新启动 Arduino IDE 软件,如图 2-86 所示。

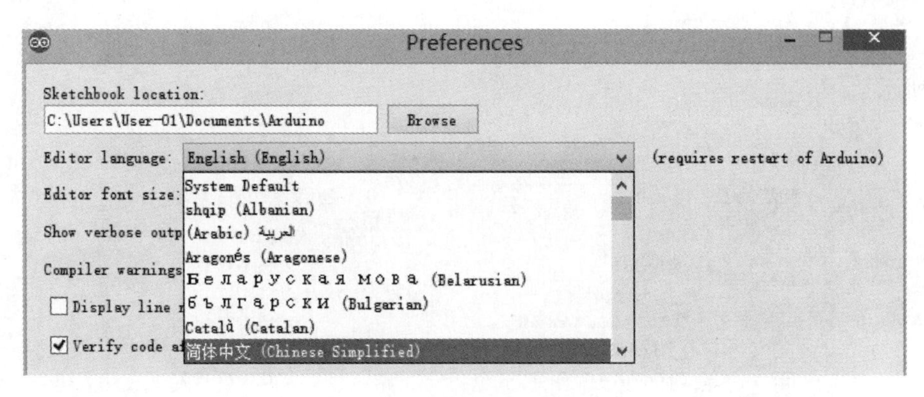

图 2-86　固件刷写步骤(1)

(2) 之后设置板卡和串口号,具体位置在"工具"→"板:Arduino Uno"→"Arduino Uno",如图 2-87 所示。

图 2-87　固件刷写步骤(2)

(3) 设置串口号,具体位置在"工具"→"串口"中选择主板对应的串口号,如图 2-88 所示。

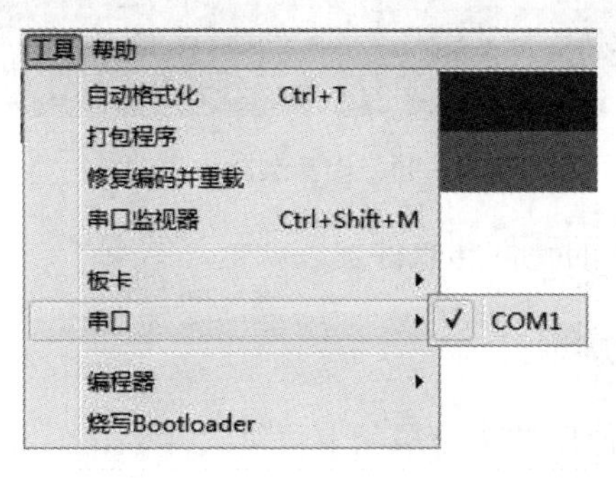

图 2-88　固件刷写步骤(3)

(4) 利用 Arduino IDE 打开工程文件，选择固件的源代码，如图 2－89 所示。

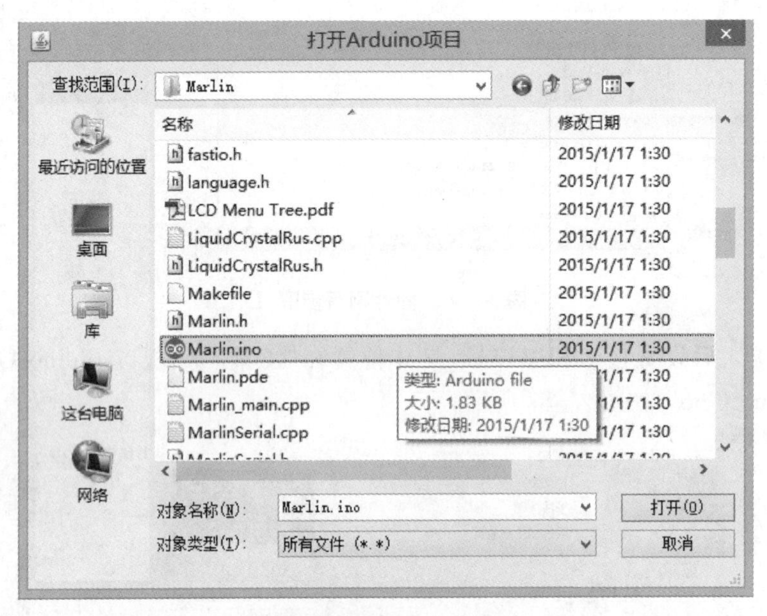

图 2－89　固件刷写步骤(4)

(5) 完成编译和下载，点击按钮后，会有如图 2－90 提示。

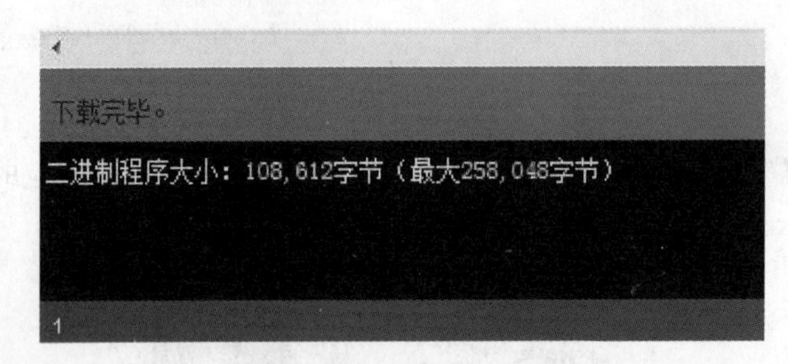

图 2－90　固件刷写步骤(5)

到此为止，打印机的硬件与软件安装就全部结束了。

2.5.4　电路板测试

在这里我们选择使用较为简单的上位机软件 printrun 来进行测试，如图 2－91 所示。

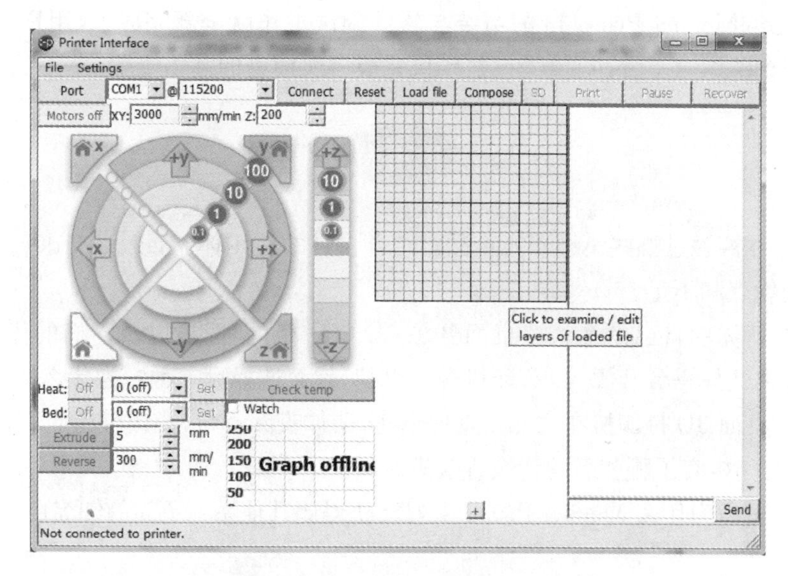

图 2－91　printrun 界面示意图

现在开始我们的电路板测试部分，具体步骤如下。

(1) 断开USB数据连接，在连线正确的前提下将RAMPS1.4板子连接到Arduino Mega 2560上。打开printrun软件，选择串口(一般是最后一个)，设置波特率一般为250 000。点击“连接”，如果正常，右侧会有连接成功的提示文字，并且下面的操作按钮将可以正常使用。

(2) 通过printrun软件上的“check temp”(读取温度)，可以获取两个热敏电阻的温度，如果读取的值为0，则表示连接有误或者元器件损坏，需要进行检查。

(3) 连接12 V电源，设置加热床和加热头的温度分别为230℃和110℃，此时板子上有两个红色LED灯会相继被点亮，这说明加热电路正常工作。然后在右下角输入命令：M106 S255，点击“发送”按钮，来打开风扇控制，此时另一盏红色LED灯会被点亮，输入：M107，点击“发送”按钮则可以关闭。

(4) 断开电源，将A4988驱动板接入RAMPS板子，一定注意方向正确与否，否则有可能会烧坏板子。运行前电机需要做测试，电机连接一般以红、蓝、绿、黄的顺序进行连接，完毕后，接通电源，通过printrun可以尝试让电机动起来，比如用户将电机连接到了X轴上，点击X轴电机“＋10 mm”，电机会正向旋转，点击“－10 mm”，电机会反向旋转。

至此,Mendel Prusa I3 的组装与软件调试工作就全部完成了,用户可以参照第四章的内容了解并实践 3D 打印机完成一般模型的基本步骤。

思考题

1. 你接触过哪些 Arduino 产品?结合自己的使用体验,谈谈 Arduino 硬件平台的优点和不足。

2. 请你用自己的话谈谈桌面开源 3D 打印机的种类,以及它们的优缺点。如果让你选择一台开源 3D 打印机进行组装,你会选择哪一种?为什么?

3. 桌面 3D 打印机在这几年发展迅速,请你查阅资料,谈谈市场上新款的桌面 3D 打印机有了哪些新的特性或改进。

4. 思考为什么 Mendel Prusa 系列能获得比其他系列更高的知名度。

第三章　3D 打印中的切片原理与 G-code

3.1　STL 文件简介

STL(全称 Stereo Lithography)是现在快速成型领域使用最为广泛的一种文件格式,它由 3D System 公司创始人 Charles Hull 于 1988 年为满足其光固化立体成型工艺的需要而制定的。现在 STL 文件格式已经成为全球 CAD/CAM 系统接口文件格式的工业标准,同时也在快速成型之外的各种三维实体建模的领域中获得了广泛的应用。

STL 文件格式的本质是将一个立体的模型文件划分成多个三角形面片,每个面片都包含该三角形面片各顶点的三维坐标及三角形面片的法矢量,三角形的三个顶点排列顺序遵循“右手定则”。STL 文件格式不是目前 3D 打印体系支持的唯一格式,但 STL 格式的三角形面片的格式易于切片软件的分层处理,在 ASCII 码格式下的文件易于被阅读和修改,几乎所有的三维 CAD 设计软件和 3D 打印系统都支持 STL 格式,这已经被大家默认为一种标准。此外,STL 切片输出模型的精度易于控制,切片算法相对简单,效率较高。

STL 文件格式的最大特点是它由一系列三角形面片组合而成,通过许多小三角形面片的组合来表达真实的模型结构。在存储的格式上,STL 文件格式会给出每个三角形面片的三个定点坐标和三角形法向量的分量来确定每个三角形面片的正方向,也正是由于三角形面片组合,模型文件出现错误后也比较容易按照统一规则进行修改,模型的纠正也就变得更加简单。

按照这些信息的存储形式,STL 文件可以分为 ASCII 码格式和二进制格式,下面对这两种格式进行简单的介绍。

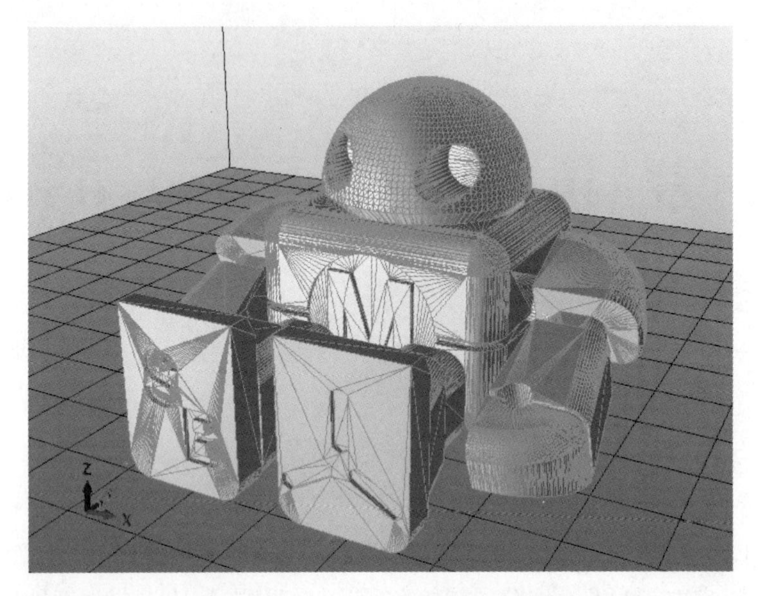

图 3-1 STL 文件三角形面片示意图

3.1.1 ASCII 码格式

STL 文件的 ASCII 码格式使得模型代码具有很强的可读性，但相比于二进制格式更占空间。该文件格式将逐行给出三角形面片的几何信息，每一行以1～2 个关键字开头，方便程序识别。STL 文件中的三角形面片的信息单元被命名为 Facet，每个 Facet 代表一个带矢量方向的三角形面片；每一个三角形面片又由 7 行数据组成，其中“Facet normal” 后面紧跟三角形面片指向实体外部的法矢量坐标，“Outer loop”后紧跟的 3 行数据分别是三角形面片的 3 个定点坐标。顶点沿指向实体外部的法矢量方向逆时针排列(即遵循“右手法则”)。

ASCII 格式的 STL 文件结构如下。

```
明码: //字符段意义

Solid filename //文件路径及文件名
Facet normal x y z //三角形面片法向量的 3 个分量值
Outer loop
Vertex x y z //三角形面片第一个顶点坐标
```

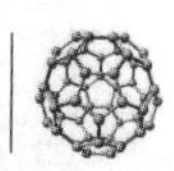

```
Vertex x y z //三角形面片第二个顶点坐标
Vertex x y z //三角形面片第三个顶点坐标
End loop
End facet //完成一个三角形面片定义

...... //其他三角形面片

End solid filename /完成整个 STL 文件定义
```

3.1.2　二进制格式

STL 文件的二进制格式的模型代码可读性很差，但相比于 ASCII 格式，其更适合存储精度较高或者尺寸较大的模型文件。二进制 STL 文件用固定的字节数来给出三角形面片的几何信息。文件起始的 80 个字节是文件头，用于存贮文件名；随后的 4 个字节的整数用来描述模型的三角形面片个数，也就是说一个 STL 文件可存储约为 2^{32} 个三角形面片，在这之后出现的是每个三角形面片的几何信息。每个三角形面片占用固定的 50 个字节，它们依次是以下几个。

(1) 3 个 4 字节浮点数(角面片的法矢量)。

(2) 3 个 4 字节浮点数(1 个顶点的坐标)。

(3) 3 个 4 字节浮点数(2 个顶点的坐标)。

(4) 3 个 4 字节浮点数(3 个顶点的坐标)。

(5) 2 个字节用来描述三角形面片的属性信息。

也就是说完整二进制 STL 文件的大小为三角形面片数乘以 50 再加上 84 个字节。

二进制格式的 STL 文件结构如下。

```
UINT8            //文件头
UINT32              //三角形面片数量
        /* 定义三角形面片 */
REAL32[3]            //法线矢量
REAL32[3]            //顶点 1 坐标
REAL32[3]            //顶点 2 坐标
```

```
REAL32[3]          //顶点 3 坐标
UINT16             //文件属性统计
END
```

3.2 STL 格式遵循的规则及常见错误

中国古代儒家思想讲究“格物致知”,即探究事物原理,从而获得知识。类比 STL 模型的学习,我们通过学习文件格式的规则来加深对 STL 文件格式的理解。

3.2.1 STL 模型文件遵循的一般规则

其遵循的一般规则有以下几点。

(1) 取值规则,即每个三角形的平面顶点坐标值不能为零和负值。

(2) 充满规则,即 STL 文件的三角形面片必须将三维模型的表面充满。

(3) 共顶点规则,即每个三角形面片和相邻的三角形面片共用两个顶点,也就是任何一个三角形面片的顶点都不能落在其他三角形面片的边上。如图3-2 和 3-3 所示。

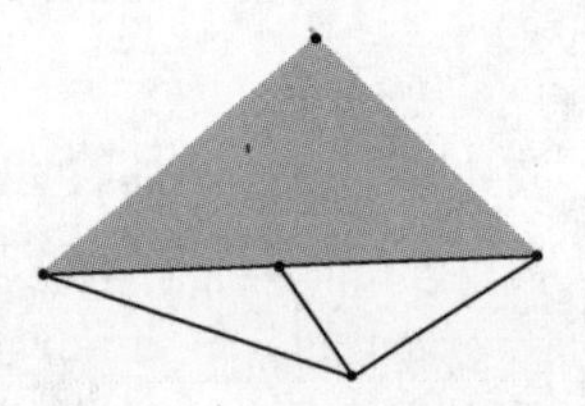

图 3-2 共顶点正确规则

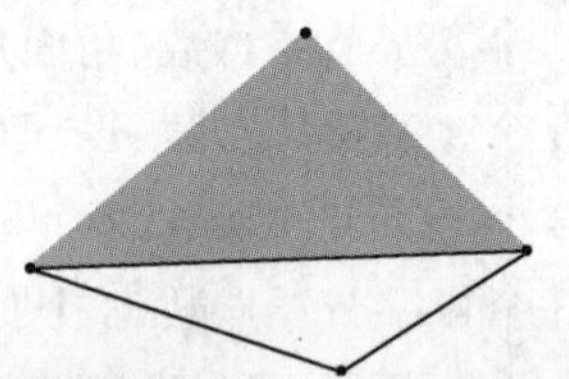

图 3-3 共顶点错误规则

(4) 取向规则,每个三角形面片的法向量必须向外,其三个顶点连接成的矢量方向按照逆时针的顺序确定,且相邻的小三角形平面的取向不能相互矛盾。如图 3-4 和 3-5 所示。

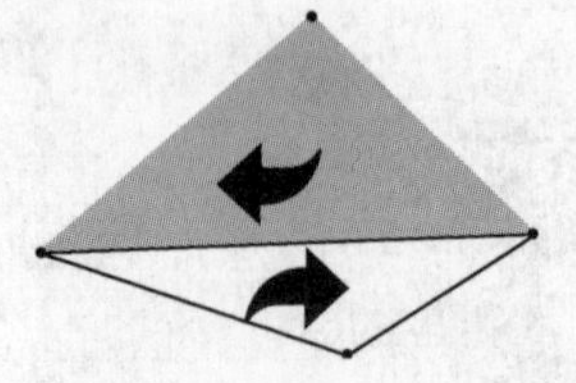

图 3-4 平面取向符合规则

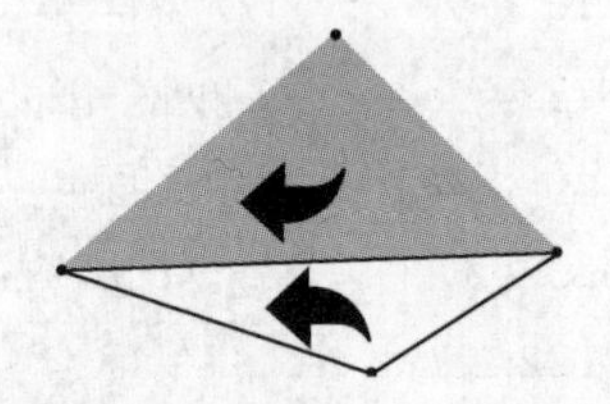

图 3-5 平面取向自相矛盾

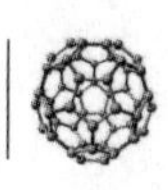

3.2.2　STL 模型文件常见的错误

通过以上的介绍，我们可以了解到 STL 文件格式遵循的一般规则，在人们实际使用 CAD 等软件进行建模时，生成的模型常常会出现文件损坏的现象，通常主要由以下几种原因引起的。

1. 存在缝隙，即三角形面片有丢失

存在缝隙是 STL 文件损坏情况的最常见原因。大曲率的曲面相交部分，在三角化时就会产生这种错误。用户会看到显示的 STL 格式模型中，会有错误的裂缝或孔洞(其中无三角形)。此时，应在这些裂缝或孔洞处增补若干个小三角形面片，以消除这种错误。

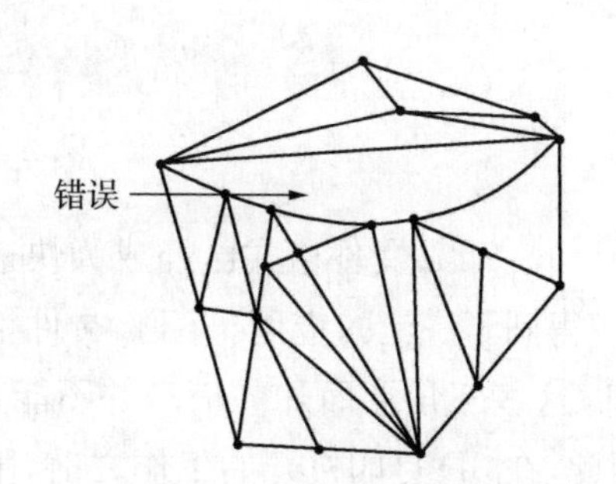

图 3-6　面片间存在缝隙

2. 畸变，即三角形面片的所有边都共线

这种缺陷通常发生在从三维实体到 STL 文件的转换算法上。由于采用在其相交线处向不同实体产生三角形面片的生成算法，相交线处的三角形面片的畸变也较为常见。

3. 三角形面片的重叠

面片的重叠主要是由于在三角化面片时数值的取整误差产生的。由于三角形的顶点在三维空间中是以浮点数表示的，而不是整数。如果取整误差范围较大，三角形面片的重叠现象将会十分严重。

4. 拓扑关系的歧义

由共顶点规则可知，在任意一条边上，仅存在两个三角形共边；若存在两个以上的三角形共用一条边的情况，就会产生歧义拓扑关系的问题。这些问题可能发生在三角化具有尖角的平面、不同实体的相交部分或生成 STL 文件时控制参数的情况下。STL 文件可能存在上述缺陷，所以在使用前必须对 STL 文件的模型数据的有效性进行检查，但要想找出 STL 文件中的问题并加以修改并非轻而易举，并且不是所有的缺陷都能被修复的。传统的解决方法是启用 STL 纠错程序，将 STL 文件中的错误排除，生成新的 STL 文件，再进行切片（有些系统将纠错、切片做在一个模块里，其原理相同）。由于三维信息的复杂性，目前多数算法并不能将 STL 文件所描述的三维拓扑信息还原成一个整体以及全局意义上的实体信息，所以模型纠错只能停留在纠正简单的错误上。有些切片算法思想，例如直接对 STL 文件切片，在其切片的二维层次上进行修复，即在二维轮廓信息层次上发现错误，并进行相应的去除多余轮廓线段、在轮廓断点处进行插补等操作，这样在一定程度上可以增加 STL 文件修复成功的概率。模型纠错的过程复杂，内容繁多，由于篇幅限制在这里我们就不再一一赘述。

3.3 切片算法

通过上面的介绍中可知，STL 文件格式已经成为快速成型技术的一种文件格式标准，在实际生产中得到了广泛的应用。STL 文件格式中只包含了构成该模型的三角形面片信息，这些三角形面片的信息并不能直接指导 3D 打印机在每一层该如何工作。因此，在 3D 打印机开始工作之前，用户需要使用切片软件将 STL 模型按照一定的规则进行切片，以便得到指引 3D 打印机工作的G-code 代码。

STL 文件格式的特性使得从模型切片中得到 G-code 代码的算法多种多样，常见的算法有基于 STL 模型的切片算法、基于几何模型拓扑信息的 STL 切片算法、基于三角形面片几何特征的 STL 算法等。

3.3.1 基于 STL 模型的切片算法

基于 STL 模型的切片算法是目前在切片软件中使用最多，也是最基础的切片算法之一。它的原理是用一个切片平面去截取模型，若三角形面片与切片平面相交，则将得到的交线有序地连接起来，从而得到该切面这一层的界面轮廓，按照此规则移动切片平面，得到每一层的界面轮廓，直到切片结束。切片软件得到界面轮廓后，按照用户所给的配置文件（包括挤出头的规格、内部填充效果及是否需要支撑等）对得到的轮廓进行转化，生成打印这一层需要的 G-code 代码，如图 3-7 所示。

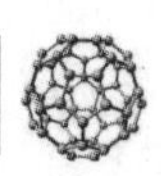

基于 STL 模型的切片算法比较简单，也很容易理解，然而在实际的切片过程中，计算每一层的轮廓都需要遍历所有的面片，其中绝大部分面片都可能不会与切面相交。这些不必要的判断给计算造成了时间上和资源上的极大浪费，同时与切片平面相交的每条边都要求计算出两个交点，运算量也较大。另外，将得到的无序交线进行有序排列也是一个很复杂的过程。资源与时间的消耗导致该算法的实际切片效率非常低。针对上述问题，人们提出了多种改进方法，比较有名的有基于几何模型拓扑信息的 STL 切片算法和基于三角形面片几何特征的 STL 算法。

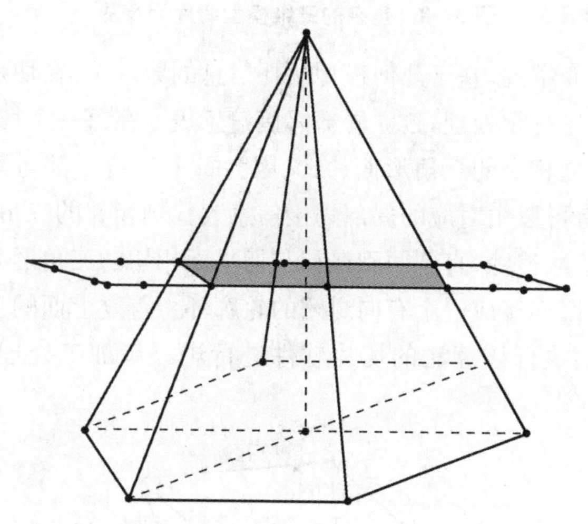

图 3-7　基于 STL 模型的切片算法原理示意图

3.3.2　基于几何模型拓扑信息的 STL 切片算法

STL 文件中不包含三角形面片的几何拓扑信息，也就是说文件格式中没有包含三角形面片之间的位置关系。拓扑信息的缺失使得切片过程中每一层的轮廓都需要遍历该模型中所有的三角形面片，当模型文件较大时，这种遍历将会造成很多不必要的浪费。为了解决这个问题，有人提出在切片前建立对应模型的几何拓扑信息再进行切片操作的观点。通过三角形网格的点表、边表和面表来建立 STL 模型的几何拓扑信息，再在得到的表的基础上进行进一步切片的操作将会极大地提高切片效率，如图 3-8 所示。

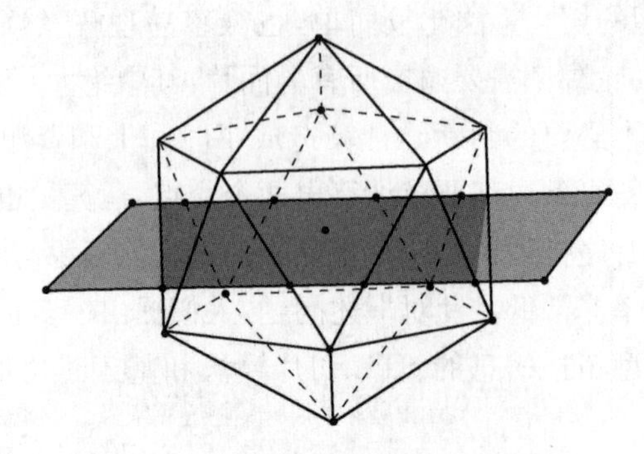

图 3-8　复杂的三维模型切片示意图

正如上面所介绍的，基于几何模型拓扑信息的原理是：在切片之前对模型文件所包含的信息进行预处理，建立局部邻接信息表。在每一个切平面切片时，先记录下第一个与之相交的三角形面片；又因为每个三角形都与其他相邻三角形共用一条边，所有可以由对应的局部邻接信息表找到相邻的三角片，若其相交则求出交点坐标，依次追踪，直到回到最初与切平面相切的三角形面片为止。由计算得到的交点可以连接成一个有向封闭的轮廓环。重复上面的步骤得到每一层的切片轮廓，交给执行该算法的切片软件进行进一步加工处理，如图 3-9、图 3-10所示。

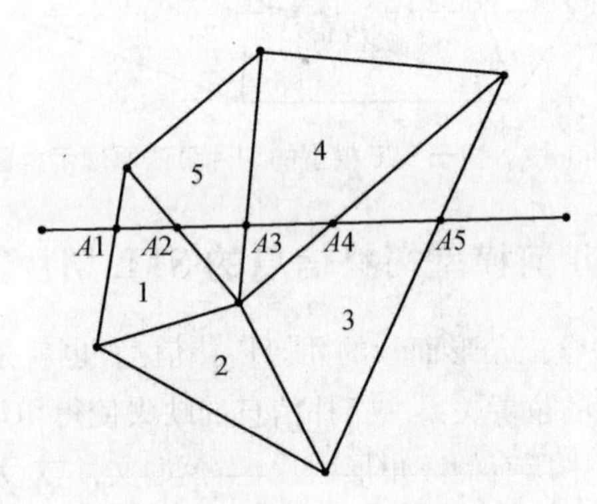

图 3-9　三角形面片邻接示意图

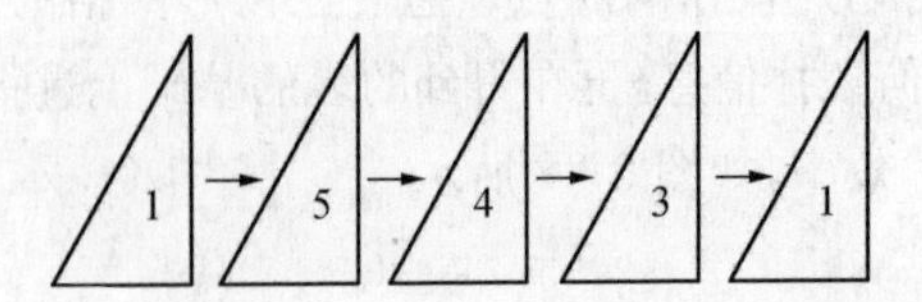

图 3-10　基于几何模型拓扑信息的 STL 切片算法切片示意图

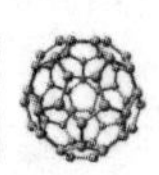

切片过程中查找三角形面片使用的是局部邻接信息表，而不再需要遍历模型中所有的三角形面片，这在一定程度上提高了切片的工作效率，减少了切片占用的资源。此外，利用拓扑关系得到的切片交点是有序的，直接首尾相连就可以得到该层的轮廓线，这也节省了重新排序的时间。对于某个三角形面片只需要计算一次交点，以此边为边的三角形将会继承这个交点不需要重新计算，这样避免了重复计算带来的时间上的浪费。当然这种算法也存在缺陷，那就是在切片由 STL 模型前期建立完整的数据拓扑信息时，若模型的精度较高，其三角形面片的数量就会很多，为这样的模型建立完整的拓扑信息表也会花费很多时间。在此基础上，研究人员提出了另外一种基于三角形面片几何特征的 STL 切片算法。

3.3.3　基于三角形面片几何特征的 STL 切片算法

如果能够简化建立几何拓扑信息表的过程，或者减少三角形面片与切平面的位置的判断次数，就可以显著提高切片的工作效率。STL 模型在切片模型中的两个特征：一是三角形面片三个顶点中 Z 轴方向跨度越大，其与切片面相交的概率也就越大；二是三角形面片的三个顶点所在的高度不同，其与切平面相交的概率也不同。切片算法若能充分考虑这两种特征，就有可能优化三角形面片与切平面的相交的判断过程，从而提高切片算法的效率，下面将要介绍的基于三角形面片几何特征的 STL 切片算法便是由此而来。

在切片执行前，算法先找出模型中每个三角形面片点的 Z 轴坐标的最小值(Zmin)和最大值(Zmax)，然后对所有的三角形面片进行排序。对于任意两个三角形面片，排序规则有两点。

(1) Z 轴坐标最小值(Zmin)较小的排在前面。

(2) 当两个三角形面片 Z 轴最小值(Zmin)相同时，Z 轴最大值(Zmax)较小的排在前面。

根据上述规则排序后，切片过程中切平面高度小于某个最小值时，排在该三角形面片后面的将不再进行相交判断和交点求取计算。最后将得到的交线首尾相连得到一条封闭的轮廓线，交付给切片软件进行进一步处理。

基于三角形面片几何特征的 STL 切片算法减少移动切平面后，判断三角形面片和该切平面位置关系的次数，不需要通过遍历所有三角形面片来判断位置关系，也不需要通过几何拓扑信息表来查找相邻三角形面片的位置，这从一定程度上提高了切片算法的效率。但是和上述所有的算法一样，基于三角形面片几何特征的 STL 切片算法并不是完美的，它的局限性有以下几点。

(1) 当 STL 模型文件中包含大量的三角形面片时，切片开始前的 Z 坐标排序工作将会很耗时。

(2) 在判断三角形面片是否与切平面相交时，需要求两个交点坐标，以其为邻边且相交的三角形面片也需要求取两个交点，这就造成了重复计算。

(3) 在由点连接成封闭的轮廓曲线时，需要判断连接的先后顺序。

一种切片算法既有优点也有缺点，但切片算法一直在不断发展，力求在提高计算机性能的同时切片算法也能得到进一步发展，获得切片效率与算法复杂度的均衡发展。

3.4 打印过程

切片软件完成之后，即可得到 G-code 代码，我们可以使用上位机软件发送指令给下位机(控制板)，交付给下位机进一步翻译来指挥打印机工作。下面我们将简单地介绍 G-code 代码是通过怎么样的系统到达控制板上的固件，以及控制板是如何将 G-code 代码翻译成更低级的控制信号从而指挥打印机的步进电机、挤出头等部件工作的机理。

3.4.1 打印系统

通常来说，3D 打印的整个过程由 3 个系统来完成，如图 3－11 所示，上位机代表计算机处理部分，固件代表传输与翻译部分，硬件代表命令执行部分。在整个系统中，上位机部分负责工作开始前的所有准备工作，包括复杂的软件配置、切片等。在打印过程中，固件利用芯片的硬件资源将从上位机传来的数据解码翻译，生成特定的命令队列，接收到运行命令后，打印机控制板把命令解释执行，完成打印过程。

在实际的打印过程中，我们需要利用建模软件，将需要打印的模型转换成对应数字文件，这个过程涉及的相关知识将会在第五章中进行详细的介绍。下面将介绍打印系统的各个组成部分。

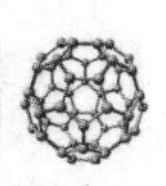

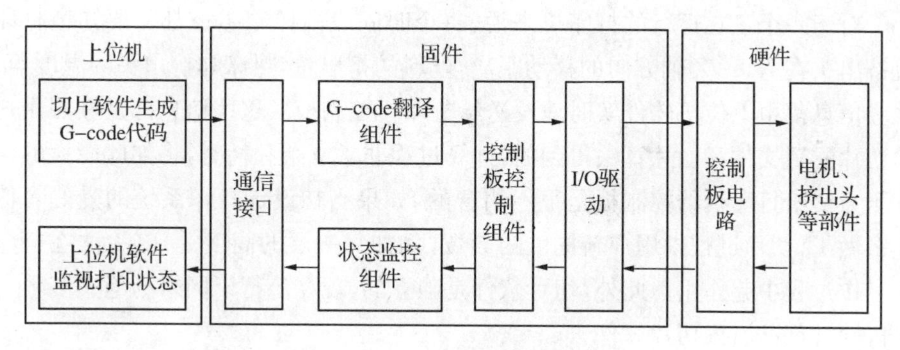

图 3-11　3D 打印系统的分类图

3.4.2　上位机部分

传统的模型需要通过切片算法转化成数字化控制机器所识别的代码。正如前面的切片算法中所提到的，切片就是将模型文件按照打印的先后顺序切成许多很薄的水平层。一般来说人为切片是不可能的，一个 STL 文件包含的三角形面片数量可以达到上万个，这个时候就需要复杂的切片程序帮我们实现这一反复、烦琐的切片过程。

切片软件完成了实物造型中非常有趣的部分，它很清晰地解释了大多数 3D 打印机工作时如何将一些打印原料（桌面级打印机原料通常为 ABS 和 PLA 材料）转化成精美绝伦的 3D 实物的过程，如图 3-12 和 3-13 所示。同时打印 3D 模型是一门结合技术、科学和艺术的工程，如果没有切片软件帮助人们将模型拆解为机器可以识别的语言，这项造型工程将不可能被完成。

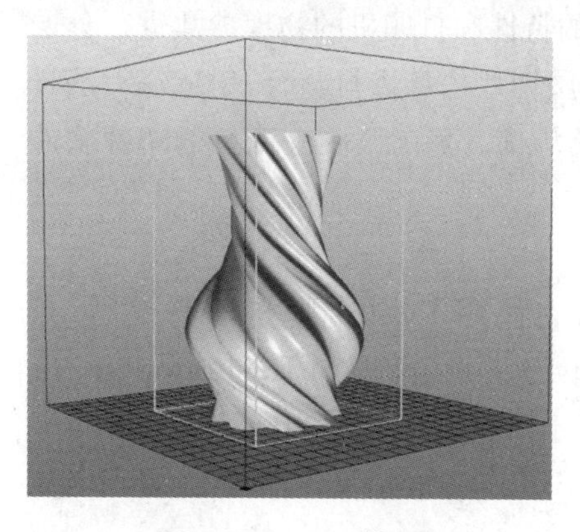

图 3-12　STL 模型

```
1  ; generated by Slic3r 1.1.7 on 2015-01-09 a
2
3  ; perimeters extrusion width = 0.50mm
4  ; infill extrusion width = 0.52mm
5  ; solid infill extrusion width = 0.52mm
6  ; top infill extrusion width = 0.52mm
7
8  G21 ; set units to millimeters
9  M107
10 M104 S200 ; set temperature
11 G28 ; home all axes
12 G1 Z5 F5000 ; lift nozzle
13
14 M109 S200 ; wait for temperature to be reac
15 G90 ; use absolute coordinates
16 G92 E0
17 M82 ; use absolute distances for extrusion
18 G1 F1800.000 E-1.00000
19 G92 E0
```

图 3-13　切片软件生成的 G-code 代码

对于一个正在运行的打印机来说,每个时间段内控制主板都需要知道打印机挤出头在 X,Y,Z 轴方向的移动距离,丝料的挤出量,热床和挤出头的温度等。这些信息都由上位机软件实时地发送给打印机控制板。这些信息都是按照用户的切片配置文件和切片算法得到的,计算过程非常复杂和耗时,将如此庞大的计算压力交给打印机的控制板是很不明智的,如果当初设计打印系统的爱好者们这么做了,切片过程中用户新提供的参数(例如每一层的高度等)将无法在打印机工作过程中起作用。此外,切片软件是独立的,现在流行于网络的绝大多数上位机软件都已嵌入切片软件。

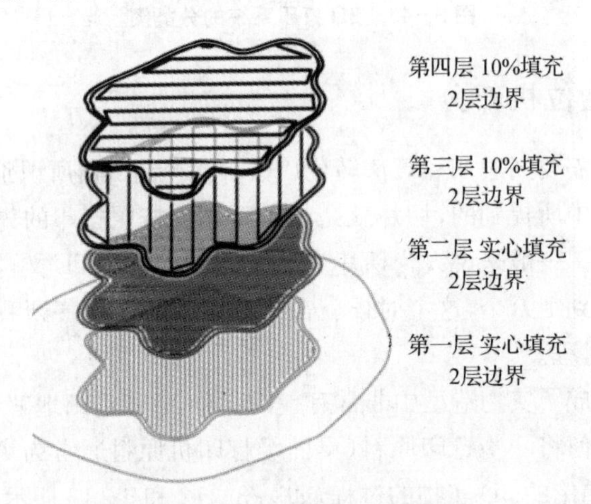

图 3-14　切片生成层的示意图

切片软件配置以用户输入的上百个参数为基准,不仅要实现打印模型的内部填充、外部支撑,还要结合不同打印材料的特性和打印机的物理参数进行分层操作,得到分层轮廓后,切片软件会将每一层切片信息进行整合,生成每一层打印的完整控制指令,实现打印速度和质量的均衡。目前国际上流行的切片软件有以下几种。

1. Skeinforge

Skeinforge 切片软件有很长的历史,它使用 Python 脚本语言编写,是 Makerbot 公司 Replicator 系列最初打印机默认的上位机软件 Replicator G 中嵌入的切片软件,RepRap 开源打印中使用的上位机软件(例如 Repetier-Host)中也嵌入了这款软件。它的缺点是用户界面不友好,不容易操作,并且设置相当复杂,如图 3-15 所示。

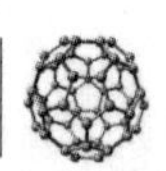

图 3 - 15 Skeinforge 切片软件界面截图

2. Slic3r

Slic3r 是一款较为先进且功能较为完备的开源切片引擎，并被各大打印机生产厂商所喜爱，也是 Repetier-Host 上位机软件默认的切片工具。它节省了用户记录各分层参数的逻辑分组在不同的预设特征问题上的时间。它可以记录切片过程中的参数，并将其以不同的预设值进行逻辑分组，如图 3 - 16 所示。

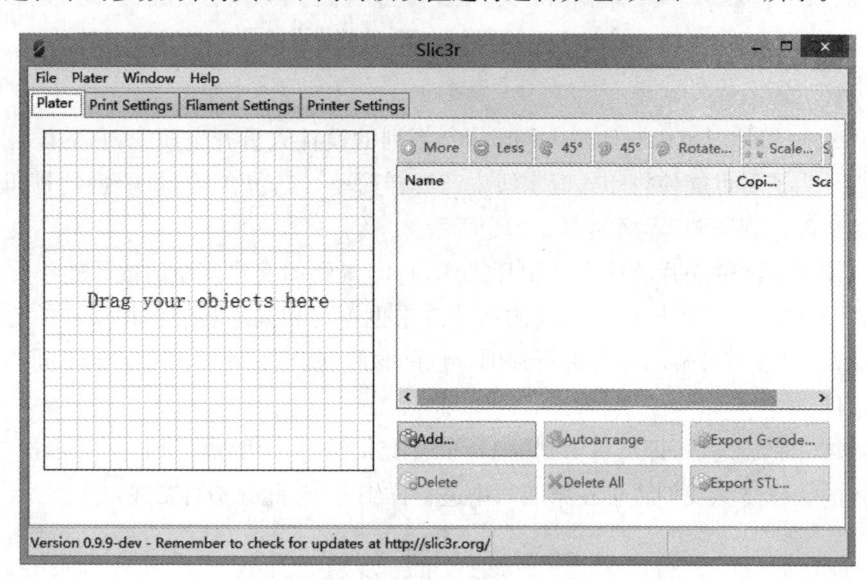

图 3 - 16 Slic3r 切片软件界面截图

3. KISSlicer

KISSlicer 的图形界面较为简单，其最初开发就是为了使切片速度更快、更容易被用户使用。它的风格主要是简单清晰，界面如图 3－17 所示。

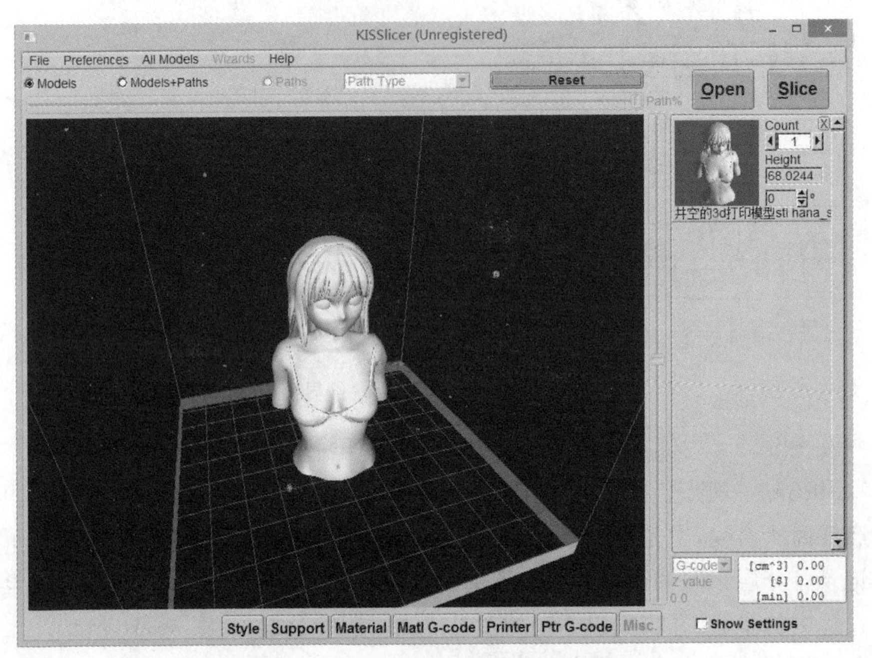

图 3－17 KISSlicer 切片软件界面截图

4. Cura

Cura 切片引擎由打印机 Ultimaker 系列的设计人员开发而来，它的设计目标就是为了尽可能使打印如流水线生产一样简单。它包含从 3D 模型到打印过程的全部过程资源，界面如图 3－18 所示。

使用不同的切片软件进行切片操作，打印得到的实物模型的效果也不尽相同，甚至同一软件不同版本之间的切片效果也不尽相同。若想获得最佳的打印体验，如果没有足够的经验进行判别，最好的办法就是为同一模型尝试不同的切片软件。

切片完成之后，即可将得到的 G-code 交付给上位机软件进行下一步操作，具体的操作步骤我们将会在第四章中进行详细介绍，此处不再赘述。

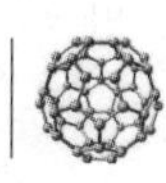

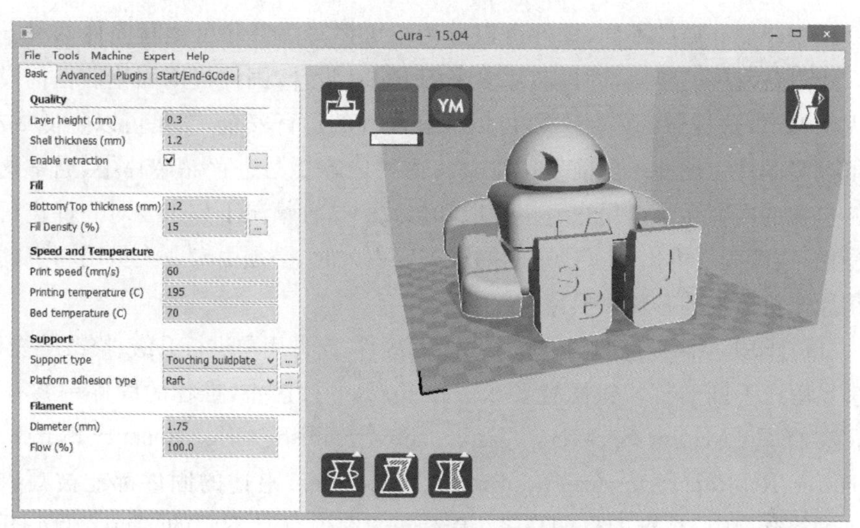

图 3－18　Cura 切片软件界面截图

3.4.3　固件的定义

固件(Firmware)在硬件设备中担任着一个系统运行最基本、最底层的工作,也是硬件设备的灵魂。对于某些没有其他软件组成的设备来说,硬件的工作效率很大程度上由固件决定,对于 3D 打印机的控制系统来说更是如此。

固件一般存储于 EROM(可擦写只读存储器)或 Flash 芯片中,它可以包含许多模块,如控制、解码、驱动、传输、校验等等。固件存在于任何数码设备中,例如手机、数码相机、打印机以及显示器中,它们完成系统底层最基本的输入与输出功能。对于可独立操作的电子设备而言,人们常说的固件是指它的操作系统,例如 iPhone(苹果手机)的固件即是 iPhone 的操作系统,而对于其他不能独立操作的电子设备而言,固件就是指能驱动机器运行的最底层程序代码,在这里,我们常说的 3D 打印机固件属于后者。

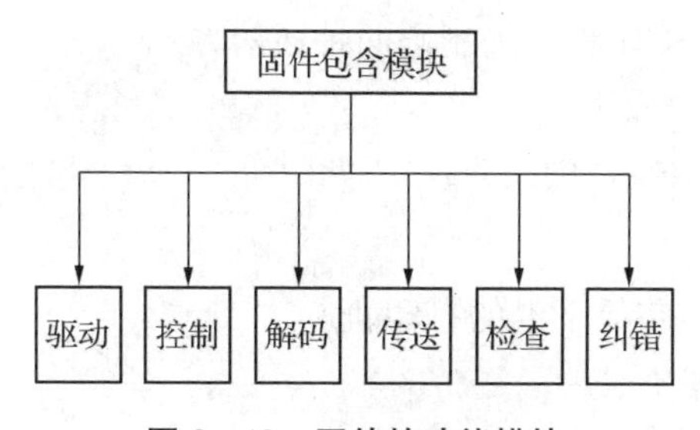

图 3－19　固件的功能模块

根据存储介质的不同，固件可以分为不可擦写固件和可擦写固件两种。在嵌入式设备发展的早期，固件芯片多采用ROM设计，固件代码固化后任何设备都无法修改，这样做的好处一是可以保证硬件的运行安全，二是可以降低成本。不可擦写固件在硬件出厂前使用工具将固件内容烧写进存储芯片中，通常这类硬件包含的内容无法由用户直接读取和修改。这种情况下如果要对固件进行升级操作，或者固件内出现了严重的漏洞需要更改时，必须由专业人员用写好的芯片将原来机器上的芯片更换掉。

3D打印机控制板里的固件属于可擦写固件，允许用户进行升级、修改等操作，来满足用户不同的打印机配置要求。在RepRap社区中，推荐的固件一共有11个，它们是：Marlin、Sprinter、Teacup、Sjfw、Sailfish、Grbl、Repetier-Firmware、Aprinter、RepRap Firmware、ImpPro3D、Smoothie。上述的固件都能被写入打印机的控制板中，并指挥打印任务，但不同的固件具有不同的特点。例如开源Marlin固件，它具有以下特点。

(1) 支持中断式温度保护。

(2) 支持SD卡离线大文件打印。

(3) 支持LCD显示。

(4) 支持EEPROM存储设置。

(5) 支持温度过采样。

(6) 支持多挤出头。

(7) 能在稳定的前提下，保持较高打印速度。

而另外一款流行的开源固件Repetier-Firmware则具有以下特点。

(1) 支持RAMPS板下加速。

(2) 支持RAMPS板下挤出头压力控制，以提升打印质量。

(3) 支持打印路径规划，以获取更快的打印速度。

(4) 支持多挤出头。

(5) 支持标准ASCII和二进制码两种通信方式。

(6) 支持RAM打印。

(7) 支持SD卡离线打印。

(8) 支持LCD灯。

(9) 微调路径，以获得平滑的打印轨迹。

(10) 持续监视温度。

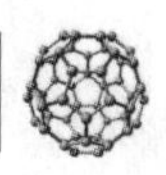

(11) G0/G1 命令允许 mm(毫米)和 inch(英寸)两种长度单位。

用户在为自己的打印机挑选合适的固件前,需要先了解该款固件的运行要求与支持的打印机类型,并将配置文件进行适当的修改,确保写入控制板的固件能够安全稳定地完成打印任务。

除此之外,固件主要负责打印过程中 3 个重要部分,分别是通信协议、G-code翻译器和 I/O 驱动。其中通信协议负责与计算机软件进行交流。G-code 翻译器是将 G-code 代码解释成驱动电子器件的命令队列。I/O 驱动即为驱动电子器件。

3.4.4　通信协议

通信协议主要负责与计算机软件进行交流。控制板上的芯片需要从上位机软件接收源源不断的 G-code 数据流,并实时应答上位机软件的打印状态查询的请求,这些操作简单但频繁,占用打印系统大量的物理资源。在计算能力和内存空间十分有限、通信带宽被严格限制的情况下,设计者们在设计固件之初选择使用定制的通信协议,在尽可能兼顾效率与安全的前提下完成通信工作。

因为上位机向打印机传输的主要内容为 G-code 代码,为了保证效率与安全性,G-code 的通信接口需要能够接受 G-code 数据流并将它们直接递交给 G-code翻译器,而不再交付给其他软件进行加工处理。同时,通信协议还需要能够控制每次发送数据报的大小,并根据已发送 G-code 代码翻译与执行情况动态调节。例如刚开始传输多位挤出头与热床的加热命令,此时发送的数据报只需要很小。当打印开始时,一系列复杂的指令将会被翻译和执行,这时数据报的大小相对就大一些,但如果数据报过大,新加载的指令还没有被翻译就被刷新掉,就会造成失步与指令乱序的现象,无法满足系统安全性的要求。另一方面,固件的状态查询接口需要保证具有较小的占用资源和较好的可读性(有时也兼容远程控制的网络接口,如 Wi-Fi 模块)。

此外,开源固件的通信协议有很多种,它们为完成特定的任务提供了不同的解决办法,下面我们将简单介绍其中的一种,来解释打印机固件的通信过程。

这类固件的通信协议是建立在 μIp 协议栈的基础上的,整个协议包括两项基本的服务,它们分别是 G-code 传输接口和状态监视接口。μIp 为上位机软件提供一个简单的应用程序接口,通过 UDP 通信协议和内置的 Protosocket 与 Protothread 框架,来完成与上位机软件收发数据。

Protothread 是一个完全由 C 语言实现，能满足多任务协同处理的要求，同时保持轻量级的线程。Protothread 在执行任务时不保留指令中任何关键字或变量，这导致了系统开销很少。Protosocket 是在 Protothread 的基础上编写的一个简化的 UNIX 型套接字接口。两者最初的设计目的就是为了在低功率的微处理器上运行。因此，虽然 μIp 能够快速地将数据传输给系统的其他部分，但固件中的通信模块只有极少数是使用 μIp 框架完成的，因为这种选择可以在一定程度上提高通信模块的可靠性。

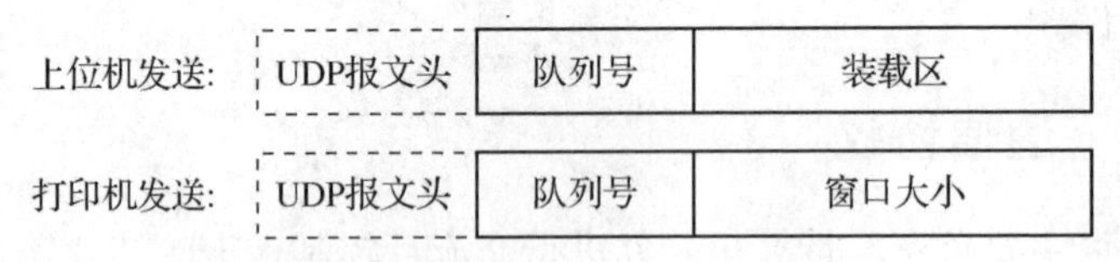

图 3-20　UDP G-code 数据报格式

UDP 通信协议为控制板与上位机软件的通信提供了较好的解决办法。图 3-20演示了使用 UDP 协议进行通信的数据报的格式。发送给固件的数据报包含一个队列号和一个可以计算长度的装载区来放置 G-code 代码。上位机发送完数据报后等待打印机返回一个相同的队列号和消息的窗口大小。如果收到了一个正确的窗口号，则表明传送的报文是打印机所需要的，并对此次接收进行回复，否则将会忽略该报文继续等待；如果打印机回复的消息在约定时间内没有被上位机收到，固件将会转发此报文。反馈式的通信机制极大程度地保证了上位机与打印机之间的通信能够安全、有序地进行。

3.4.5　G-code 与 G-code 翻译器

麻省理工学院于 20 世纪 50 年代末在其实验室开发并实现了人类历史上第一个数字化控制编程语言，这就是如今数控领域使用的 G-code 代码。从那个时候起，G-code 就经常被用于各种组织机构。G-code 代码通常也被称为预备代码，通俗来说是给机器工具发出指令。事实上 G-code 代码并不是 3D 打印过程中所特有的，它是大多数数字控制编程语言的通用名，主要用于计算机辅助制造控制自动化机床。不同国家提出过不同标准的 G-code，具体到不同的应用领域，G-code 代码的意义也会有所不同，现在使用最广泛的标准是 ISO6983。

当 STL 格式的模型文件被导入切片软件后，根据设置好挤出头和热床温度、打印速度填充率等各项参数，切片软件会调用内嵌的切片算法，将模型信息

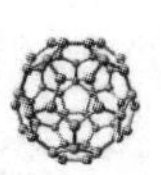

转换成可以控制 3D 打印机运动的 G-code 代码。在 3D 打印过程中,上位机软件以 G-code 代码为载体告诉打印机的各个步进电机如何工作等,进而带动打印机挤出头按照预定的路径前进和出料,并完成复杂烦琐的构造过程。

3.4.6　G-code 处理管道

固件的主要任务,除了完成上位机与控制板之间的通信以外,还要翻译和处理从通信接口中传来的数据流。从某种程度上讲,G-code 的翻译过程更像是一个管道,将 G-code 数据流顺着这条管道一边被搬运一边被加工,从缓冲区到翻译器,G-code 指令从网络接口传递到 G-code 缓冲区等待翻译,从缓冲区传递到翻译器转化成更低一级的机器命令,翻译得到的指令会被放到指令缓冲区等待执行,之后交付给控制板芯片,由芯片交付给硬件执行。

如图 3-21 所示的是 G-code 处理管道全过程。在 G-code 代码中,每条指令后面所跟的参数类型都是严格指定的,这是因为 G-code 处理管道在处理 G-code指令时为了减少命令与命令之间执行的间隔,会直接把 G-code 后面的参数复制到低级的机器指令中,如图 3-22 所示。

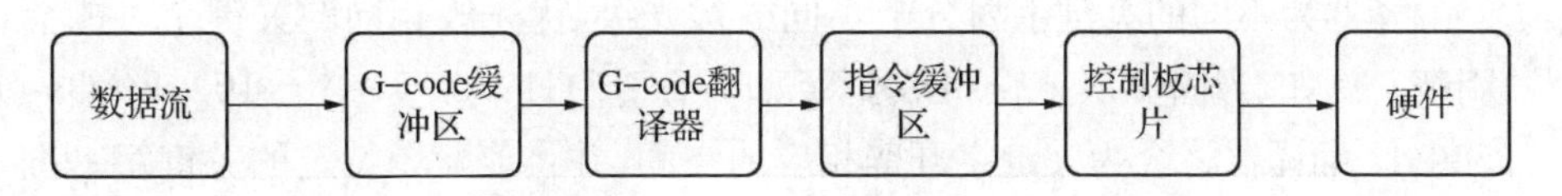

图 3-21　G-code 代码处理管道全过程

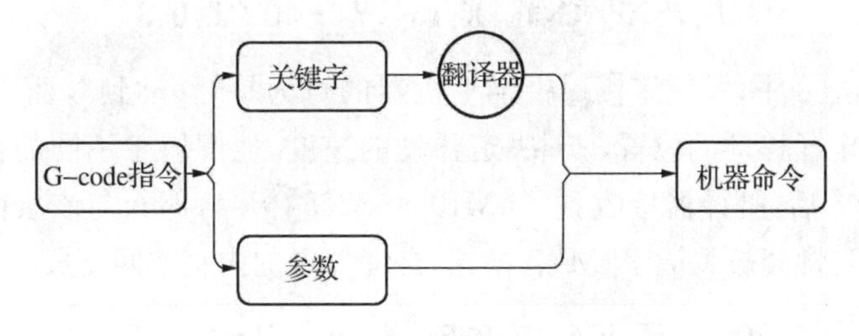

图 3-22　G-code 代码翻译简析

在 G-code 指令开始翻译之前,处理管道的前端会等待来自网络接口的数据,并开辟一块空间极大的缓冲区,直到 G-code 缓冲区被注满后才会开始后续步骤。这样设计的初衷是为了给通信网络更长的时间进行响应,减少网络延时所造成的等待,避免缓冲区 G-code 代码不足而造成的打印停顿现象。除此之外,固件会给予命令执行过程较高的优先级来将打印过程中命令与命令之间的延时降到最小，这些细微的改进在打印机重复大量指令时非常有效。

3.4.7 G-code 代码的读取过程

控制板芯片上的固件在翻译 G-code 代码中的指令时，抽象出一个"G-code 代码翻译器"。"G-code 代码翻译器"只能含有 26 个关键字，这些关键字从"A"到"Z"被命名。一条完成的 G-code 指令中含有一套完整的关键字和参数，每个关键字对应一个机器运行的特定行为，而后紧跟的参数决定了该特定行为的运行细节。

翻译器的内存空间非常小，存储空间也很有限。原则上翻译器一次只会读取一个关键字，当这个关键字被写入翻译器后，该指令后同级别的关键字可能会被解释为空。例如指令[G:XX　M:XX]中包含两个关键字"G"和"M"，这两个关键字代表着机器的不同行为，先被放入内存空间的关键字"G"将被翻译执行，而关键字"M"将会被解释为空。翻译器这样读取的好处在于可以保证每一条指令在翻译过程后得到一条明确的机器运行命令，防止打印机同时执行某些操作产生的错误。

翻译器为不同的关键字划分了不同的优先级，优先级相同的关键字可能会被刷新。例如，当固件从上位机收到了如下命令[G1　X15　Y－10　Z0.3　F2500]，翻译器将会为关键字开辟相应的空间，并将值赋予特定的关键字。翻译器空间将会变成：

F:2500　G:1　X:15　Y:－10　Z:0.3

在这条指令中，关键字[G]决定了机器的行为是"移动到"，而关键字[X]，[Y]，[Z]决定了移动的位置，[F]决定移动的速度，他们属于不同的优先级。如果在该条命令后，翻译器接收到了[M104　S225]指令，那么与该条命令同级别的关键字[G]将会被关键字[M]替换掉，翻译器中的内存空间变成：

F:3000　M:104　S:225　X:15　Y:－10　Z:0.3

在这个例子中，关键字[G]已被遗忘，但是其他关键字被保留了下来；关键字[M]意思是"设置挤出头温度"，而关键字[S]定义挤出头的温度。关键字[X]，[Y]，[Z]与[F]没有受到冲击。如果这时固件收到指令[G1　Z0.6]，那么翻译器中的关键字与字段将会变成下面的情况：

F:3000　G:1　S:225　X:10　Y:－15　Z:0.6

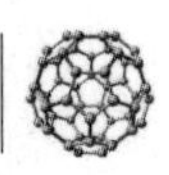

关键字[G]再次生效，关键字[S]将会被忽略，机器的热床或者喷嘴将会以[F]所标明的速度移动到[X]，[Y]，[Z]所标明的位置。又因为X轴和Y轴坐标并没有新值出现，所以打印机将会只移动Z轴坐标。

除此之外，每一个关键字只接受一个整型或者浮点型的值，例如关键字[G]和[M]只接受整型，而关键字[X]，[Y]，[Z]后紧跟的参数应为浮点型。

现有的G-code翻译器高度集成有控制逻辑，并且可以独立使用，但是3D打印中的G-code代码只用得上其中很小的一部分，3D打印机中使用的G-code翻译器是完整版的子集。我们在附录中收录了3D打印机常用的一些命令，为读者进一步学习与识记G-code代码提供帮助。

思考题

1. 请你查阅资料，谈谈除了STL格式外，市面上还有哪些正在被使用的格式，它们各有哪些特点。

2. 你认为未来STL格式会怎样发展或者会被取代吗？为什么？

3. 空间中有一个立方体，它的顶点为(1,1,0)、(1,−1,0)、(−1,−1,0)、(−1,1,0)、(0,0,5)，切片厚度为1个单位(即切面每次移动1个单位)，请你使用“基于STL模型的切片算法”计算出它的每个切面的顶点，以及面积大小。

4. 请你动手，选择文中提及的2～3个切片软件，以相同的设置切割同一模型，并预览切片后的模型，比较不同软件之间的切片速度和切片细节上的差别，谈谈你的看法。

5. 网络中的3D打印机存在着被黑客入侵的风险，请你查阅资料，谈谈如何规避该风险。

第四章　常用 3D 打印软件

4.1　模型的转换与修补

利用建模软件得到的模型文件通常不能直接用于切片，还需要对模型进行进一步处理，这些处理可以分为两大类，一类是模型格式的转换，即将 DAE、WRL 和 X3D 等模型格式转换成 STL 格式；另一类则是模型的修补，即修补 STL 的文件格式中的错误。在这里我们以 MeshLab 和 Netfabb Basic 这两款软件为例，简单介绍模型的一般转换与修补过程。

4.1.1　将其他格式转换成 STL 文件格式

1. 利用 MeshLab 进行格式转换

软件安装完毕后，在 MeshLab 中打开模型，如图 4-1 所示。除了点击菜单栏，用户也可以使用快捷键“Ctrl+O”→“浏览文件”→“选择您的文件”。

这里除了 STL 格式之外，我们还推荐用户将模型转换为 OBJ 格式，因为这两种格式被广泛使用在桌面级和工业级打印机上，兼容性有很好的保证。

点击“File”→“Export Mesh As”→“选择目标文件夹”→“确定”。注意，MeshLab 路径和模型文件的命名不能为中文。

MeshLab 支持的格式有：PLY、STL、OFF、OBJ、3DS、COLLADA、PTX、V3D、PTS、APTS、XYZ、GTS、TRI、ASC、X3D、X3DV、VRML、ALN，这几乎包含了所有类型的模型文件格式，所以在使用之前，用户完全不用担心模型是否能够被成功转换。

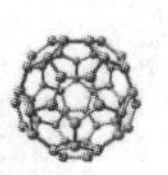

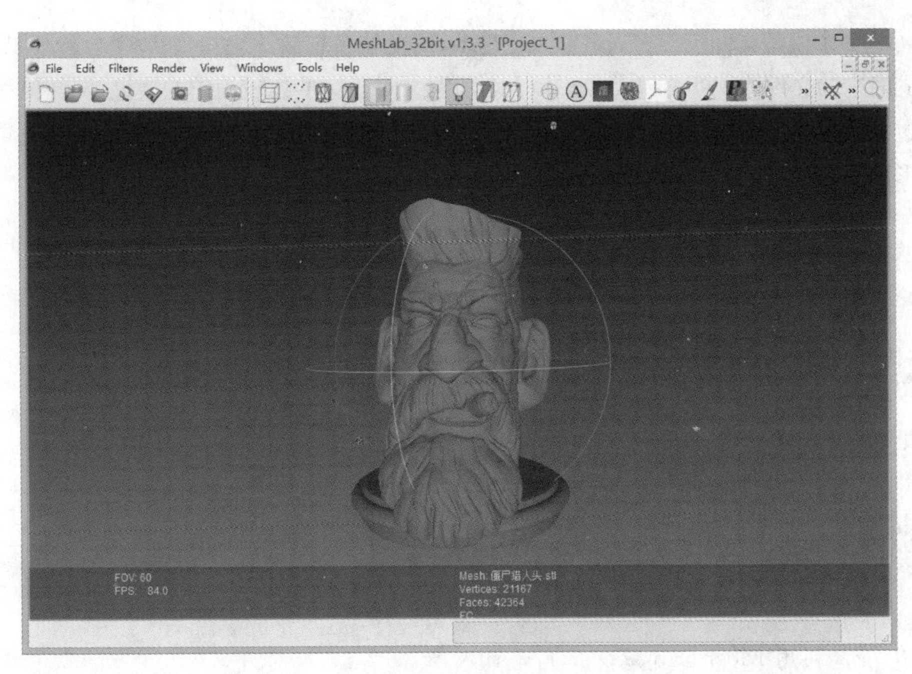

图 4－1　MeshLab 界面示意图

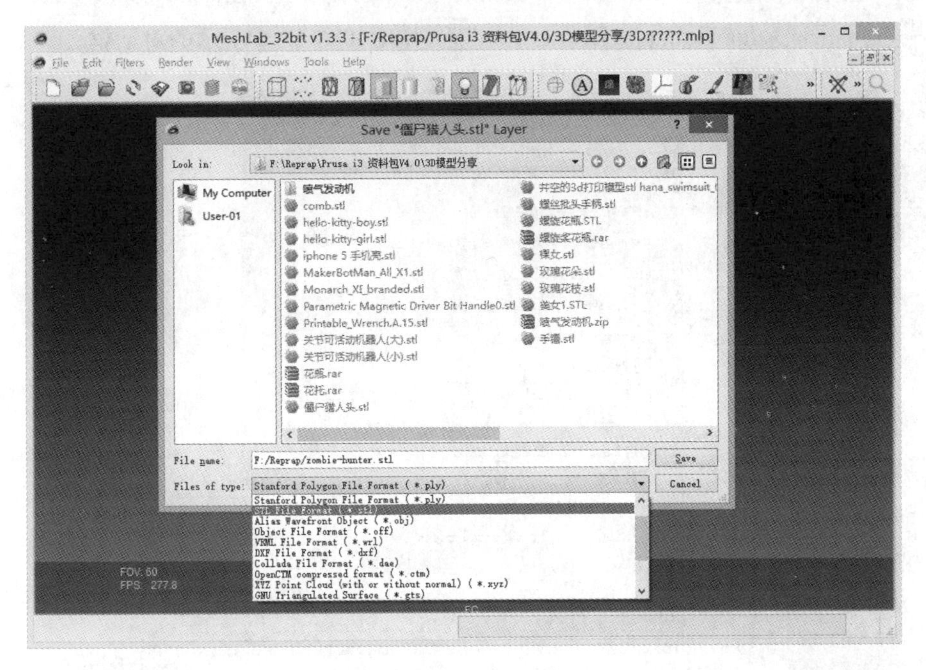

图 4－2　保存模型文件

一个模型文件包含的三角形面片越多,精度就会越高,模型的细节就会越细腻,同时它的文件体积就会越大,如图 4-3 所示。对于一些比较简单的模型,文件体积过大会极大地增加切片软件负担;对于一些云打印服务而言,它所能接受的最大三角形面片数是一定的,这个时候我们就需要通过 MeshLab 对模型的尺寸进行修改。

图 4-3 不同文件大小的模型比较

2. 利用 MeshLab 减少三角形面片数

在菜单栏里选择"Filters"→"Remeshing, simplification and construction"→"Quadric Edge Collapse Decimation"后,弹出如图 4-4 所示的对话框。

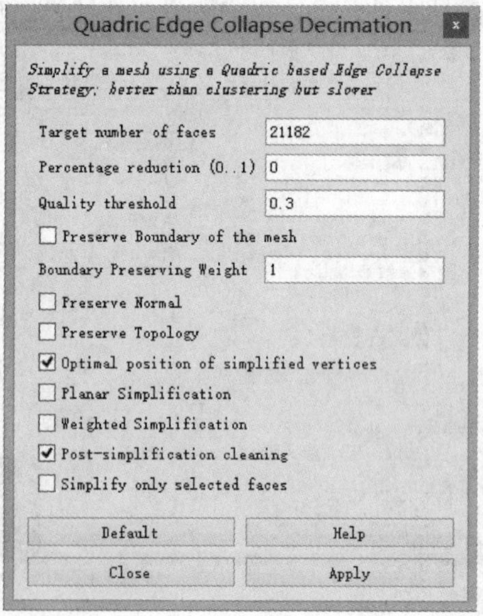

Quadric Edge Collapse Decimation

Simplify a mesh using a Quadric based Edge Collapse Strategy; better than clustering but slower

Target number of faces 21182
Percentage reduction (0..1) 0
Quality threshold 0.3
☐ Preserve Boundary of the mesh
Boundary Preserving Weight 1
☐ Preserve Normal
☐ Preserve Topology
☑ Optimal position of simplified vertices
☐ Planar Simplification
☐ Weighted Simplification
☑ Post-simplification cleaning
☐ Simplify only selected faces
Default Help
Close Apply

图 4-4 Quadric Edge Collapse Decimation 对话框

在上面的对话框中，我们着重关注两个参数，分别是 Target number of faces（将三角形面片数减少到）和 Percentage reduction（减少百分比），这两个参数选填一个就可以了。

其余需要注意的选项如下。

(1) Quality threshold（质量阈值）：这个值决定 Meshlab 在减少三角形面片时保持原始模型外形的能力，默认值为 1。

(2) Preserve Normal（保留法线方向）：这个选项勾选后，MeshLab 将会确保转换后的三角形面片包含正确的法向量。

(3) 如果模型在利用 MeshLab 减少三角形面片数的转换后出现了法向量异常的情况，用户可以通过使用下面的方法进行矫正：找到“Filter”→“Normals”→“Curvature and Orientation”→“Re-Orient all faces coherently”，这些步骤将会矫正模型中错误的法线。该对话框下需要勾选的项目有：“Optimal position of simplified vertices”（保持简化顶点处于最佳位置）、“Planar simplification”（平面简化）、“Post-simplification cleaning”（简化后清理）。之后点击“Apply”（应用）按钮就能完成所有的步骤，此处不赘述。

4.1.2　利用 Netfabb Basic 对模型进行修补

Netfabb Basic 软件是 3D 打印过程中使用最普遍的免费 STL 文件修复和编辑软件。它可以帮助用户查看一个模型打印后的真实大小，并检查出该模型是否存在 3D 打印缺陷。如果存在缺陷，用户可以通过简单的步骤自动修复 3D 模型。

用户可以利用 Netfabb 处理模型，使模型达到以下要求。

(1) 闭合的表面：即水密模型，模型能更好地支持 3D 打印。

(2) 无反法向量：所有三角形面片的法向量都合乎规则。

(3) 零空洞：面和线之间不再有缝隙孔洞。

(4) 零界线：处于空洞一边的线只连接到一个面上。

这里我们将一起学习利用 Netfabb Basic 软件对已有的模型进行进一步的修复操作，以便进行后续的切片步骤。

通常利用 Netfabb Basic 软件修补模型的过程分为以下几步，如图 4-6 所示。

图 4-5　**Netfabb Basic** 主界面

图 4-6　**Netfabb Basic** 模型修补的一般过程

第一步，加载并预检模型，如果模型右下角出现一个三角形警示牌，如图4-6所示，表明该模型存在缺陷需要修复。

第二步，进行标准检查，选择"Extras"→"New analysis"→"Standard analysis"。从图 4-7 中可以看出，在执行完检查之后，右下角第 5 个框中有"Surface is closed ：No"的字样，则表明该模型没有闭合，下边"Surface is orientable ：Yes"字样，则表明模型中不包含相反的法向量，不需要进行法向量重定向的修复。

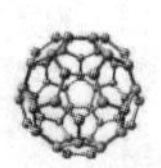

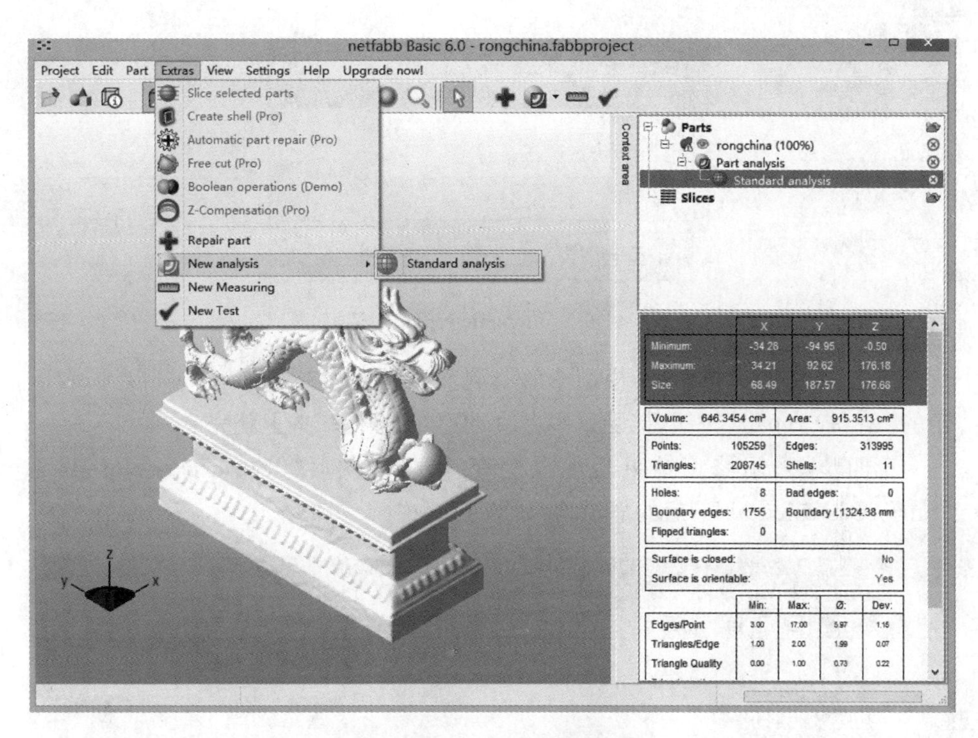

图 4-7　Netfabb 标准检查

第三步，自动修补，选择“Extra”→“Repair parts”，完成后点击右下角“Automatic repair”按钮，如图 4-8 所示。

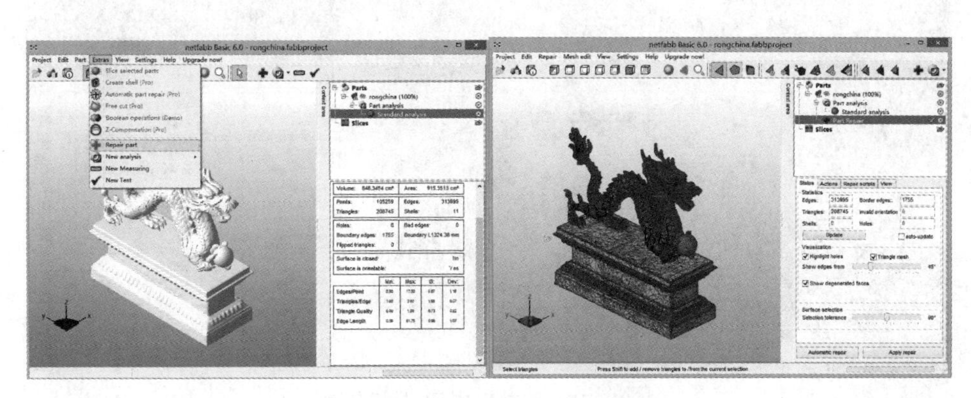

图 4-8　模型的修补前后效果图

在弹出的对话框中选择“Default repair”，点击“Execute”按钮确定，如图 4-9所示。

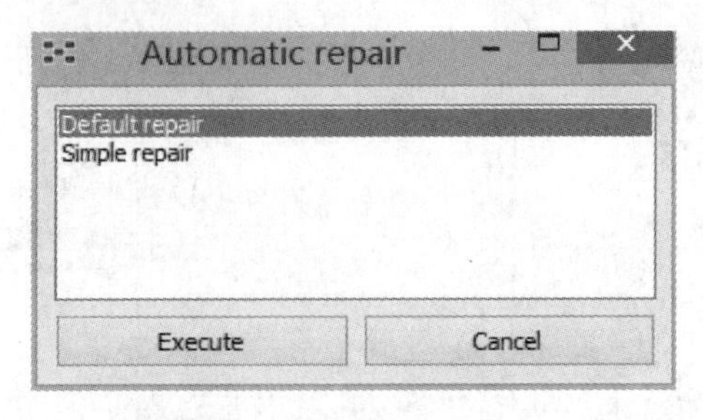

图 4－9　**Automatic repair 对话框**

点击“Execute”按钮后，模型中的空洞就已经被填补好了，这时再点击右下角的“Apply repair”按钮，接受这些更改，模型的修补基本上就完成了。

第四步，采用修正结果后再次检查，修复成功后，“Surface is closed”与“Surface is orientable”后的显示均为“Yes”，如图 4－10 所示。

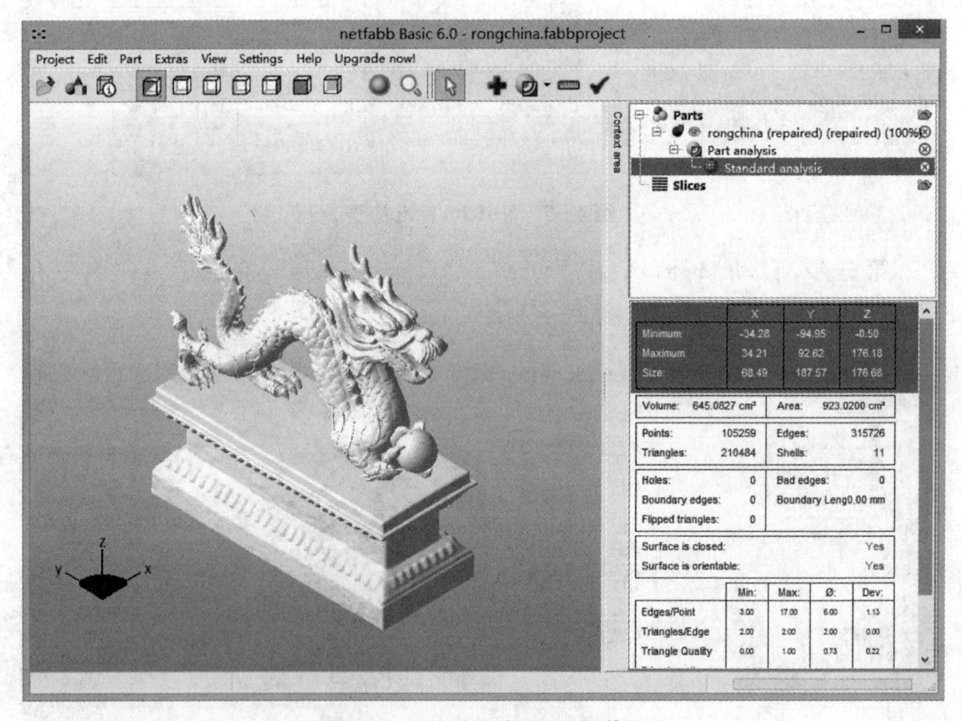

图 4－10　**修补完成后，分析截图**

第五步，导出修补后的模型，需要注意的是，Netfabb 上显示的修补后的模型是一个新模型，也就是说原模型并没有被修改。这就需要将生成的新模型导

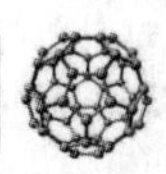

出到文件夹中。选择“Part”→“Export part”，在菜单中选择想要导出的模型文件类型，在这里我们选择 STL 文件类型，如图 4－11 所示。

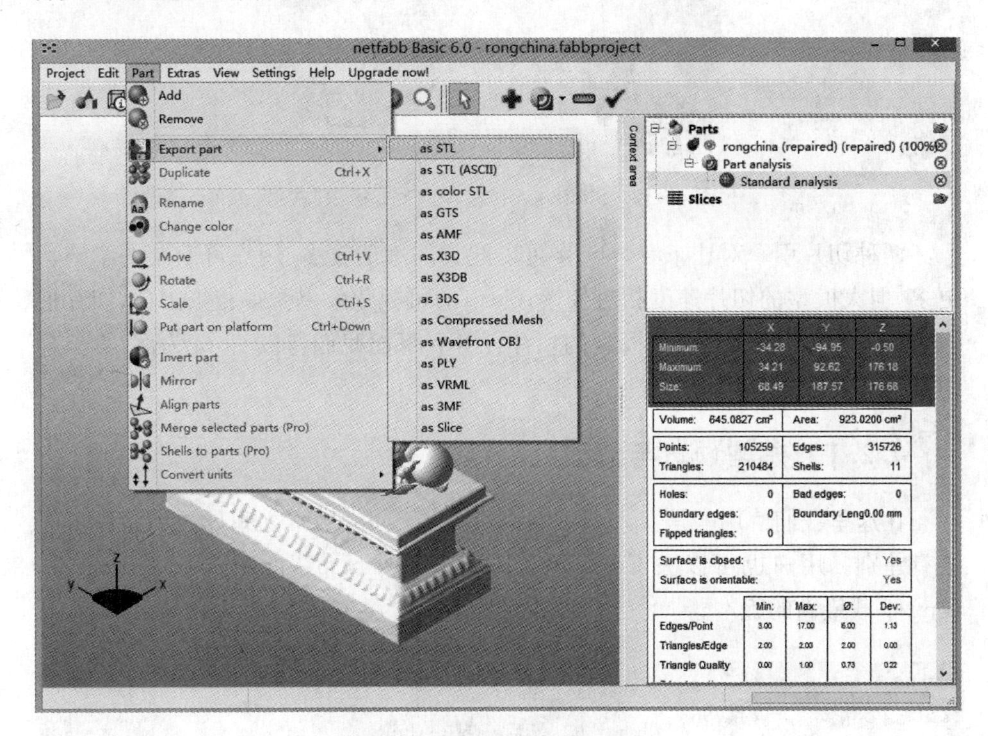

图 4－11　将修补后的模型导出

至此，模型的修补工作就全部完成了，下面的内容，我们会详细介绍模型的切片操作。在这之前，用户需要检查模型文件是否被 Netfabb 过分修改，是否将不该封住的口封住了，尽管 Netfabb 性能稳定，但是不排除它会有出错的可能。

4.2　切　片

正如上一章所介绍的，切片将模型文件分层后得到每一层的轮廓信息，用以指导打印机工作，实际操作中这些都是切片软件来完成的。现如今较为流行的两款开源桌面级打印机切片软件主要有两个，一个是 Slic3r，另外一个就是 Cura，如图 4－12 所示。

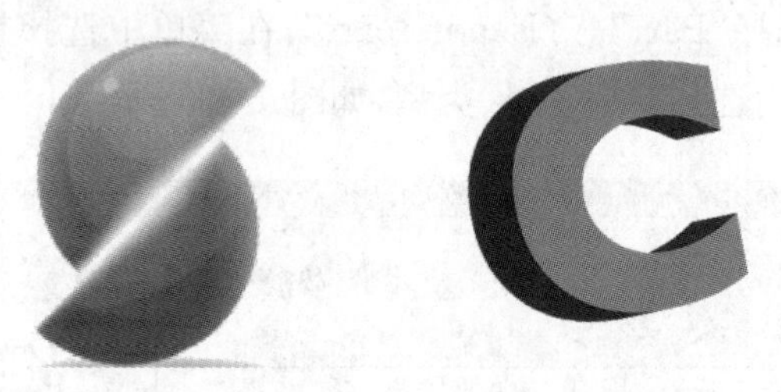

图 4－12　Slic3r 标识(左)与 Cura 标识(右)

两种切片引擎对比来看,Slic3r 可以配置的细节较多,用户可定制的细节也更多,但大模型的切片速度相对较慢;Cura 的可视化效果做得相当出色,切片追求快速与稳定,非常适合大模型的切片任务。下面我们将以 Cura 为例,简单介绍其切片的参数及切片过程。

4.2.1　模型预览与修改

在这里我们使用的是 Cura 15.04 稳定版,不同的版本之间界面和操作可能会有差别。用户也可以去 Cura 切片引擎的官网 http://software.ultimaker.com/下载最新的版本。

图 4－13　Cura 切片引擎界面

用户可以通过选择菜单栏中的“File”→“Load model file”或者点击图像预览框中的图标来选择文件，如图 4－14 所示。

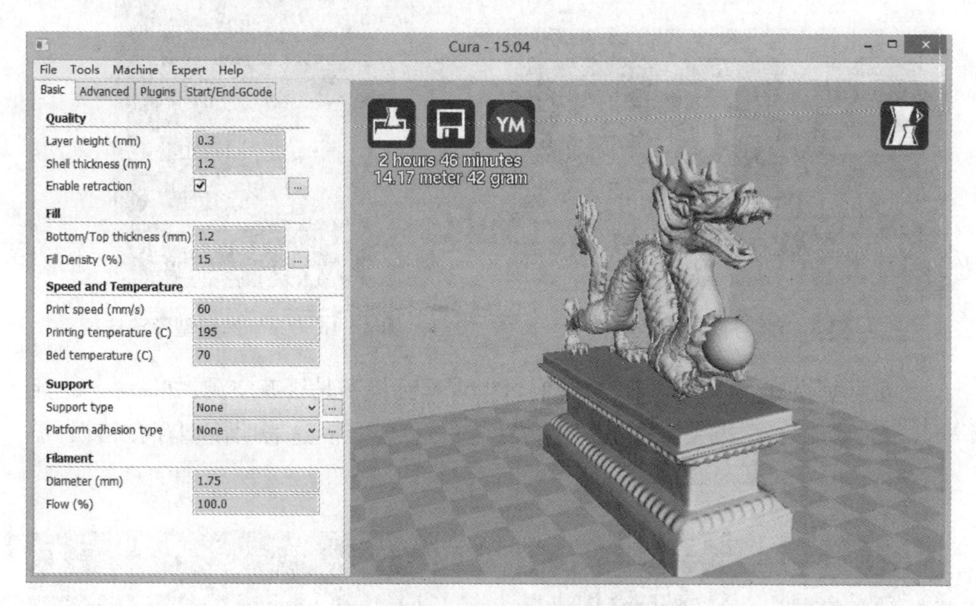

图 4－14　Cura 读取模型文件

在模型读取时，将会出现一个进度条在前进，而在模型读取完成之后，下面的位置将会显示出打印所需时间、用料长度和质量，在这个时候如果用户的切片参数已经设置好了，点击“保存”按钮即可保存模型的 G-code 代码。如果需要了解更多，可以继续往后阅读。

Cura 切片引擎的模型预览功能在模型预览的右上角，如图 4－14 所示。模型和预览分为正常、悬垂、透明、透射和层叠这 5 种模式。

在模型预览框里，使用鼠标右键可以实现观察视点的旋转，使用鼠标滚轮可以实现视野的缩放功能。除了基本的操作之外，Cura 还提供了更多的观察模式。在预览框的右上角用户可以看见一个观察模式（View Mode），点击后可以看到，Cura 的 5 种观察模式，他们分别是默认的普通模式（Normal）、悬垂模式（Overhang）、透明模式（Transparent）、透射模式（X-Ray）以及层叠模式（Layers），如图 4－16 所示。

图 4－15　打印信息显示

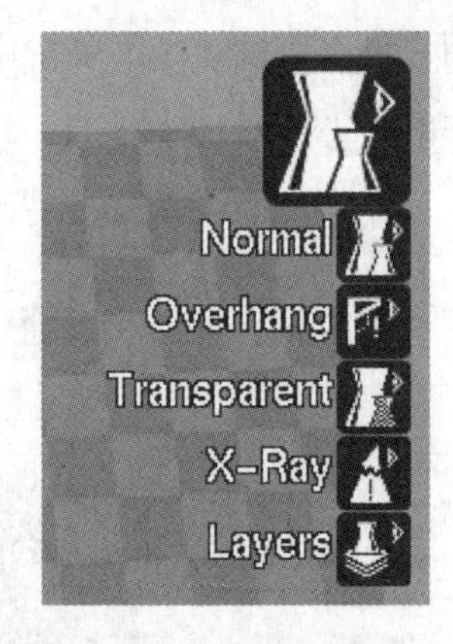

图 4－16　Cura 的模型预览选项

在悬垂模式(Overhang)下,我们可以观察到模型是否有空洞,如图 4－17 所示,龙的嘴部、身下以及许多其他地方存在红色的斑点,这表明模型存在错误,需要进行修补。

图 4－17　悬垂模式下观察模型

图 4－18　透明模式下观察模型

在透明模式(Transparent)下可以观察到模型的正面结构和反面结构以及内部结构,如图 4－18 所示。如果一个模型有隐藏内部结构,则可以通过透明模式看到,提前处理,防止对打印过程带来影响。

透射模式(X-Ray)屏蔽掉了所有的外部细节,使用户可以更清晰地观察到内部结构,如图 4－19 所示。

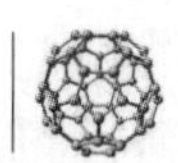

图 4-19　透射模式下观察模型

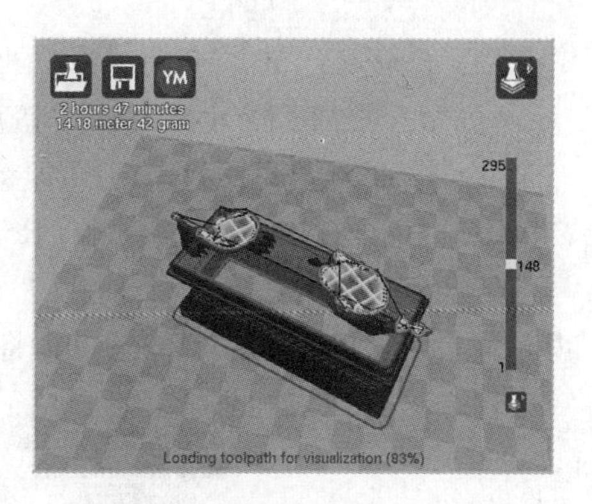

图 4-20　透射模式下观察模型

接下来就是相对比较有趣的层叠模式(Layers)。层叠模式实际上将打印过程分解在模型预览里面,用户可以通过右侧的滑块来单独观察每一层的情况。

在图 4-20 中,显示的龙模型第 148 层的情况,红色的最外层代表模型的外壳,绿色部分表示外壳的内部,黄色部分表示模型内部的填充。通过这个模型的演示可以理解 Cura 规划出的每一层打印计划,比较容易定位到具体位置。

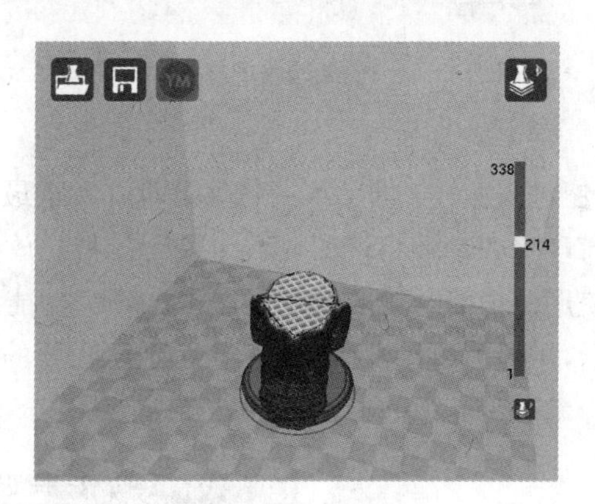

图 4-21　通过 G-code 代码还原打印过程

4.2.2　模型调整

Cura 为用户提供了基本的模型处理工具,可以帮助用户实现 3D 模型预览的旋转、镜像等功能。这些功能按钮被集中在预览框的左下角,从左往右三个按钮分别对应旋转(Rotate)、缩放(Scale)、镜像(Mirror)。

1. 旋转功能

如图 4 - 22 所示，按下该按钮后，将会弹出两个子选项，“Lay Flat”与“Reset”按钮，顾名思义，Lay Flat 即将模型平躺，点击按钮后，Cura 会自动将模型旋转至适合打印的位置。点击“Rotate”按钮后，模型上将会出现三个不同颜色的圆圈，分别代表 X，Y，Z 轴旋转。按住 Shift 键后将旋转角度从 5 度变为 1 度，并增加了测量尺度。Reset 功能将模型恢复到操作之前的状态。

图 4 - 22　模型的精细旋转示意图

2. 缩放功能

点击第二个按钮进入缩放功能，第一个功能即放大至最大（To max），点击后 Cura 将会调用打印机的参数将模型放大至最大体积。放大后的模型切片时间将会变得很长，使用该功能时需要慎重。点击“缩放”功能按钮后弹出的对话框，如图 4 - 23 所示，用户可以将模型按照要求缩放至需要的大小。默认是等比例缩放的，修改一个参数后其他的参数都将跟着改变。

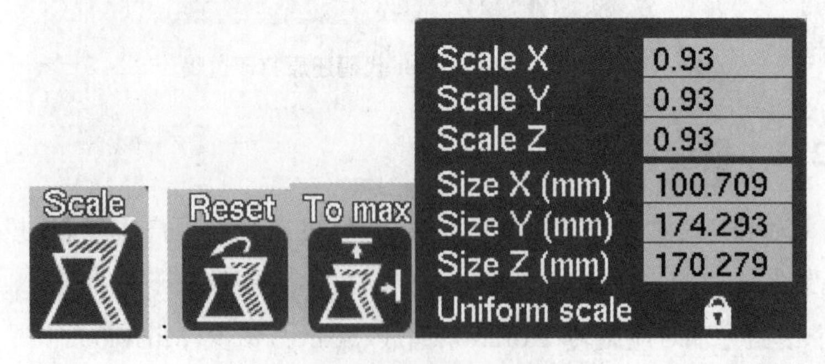

图 4 - 23　缩放功能

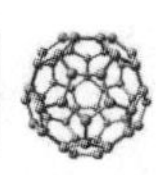

3. 镜像功能

将会使模型沿着 X,Y,Z 轴进行镜像操作,效果如图 4－24 所示。

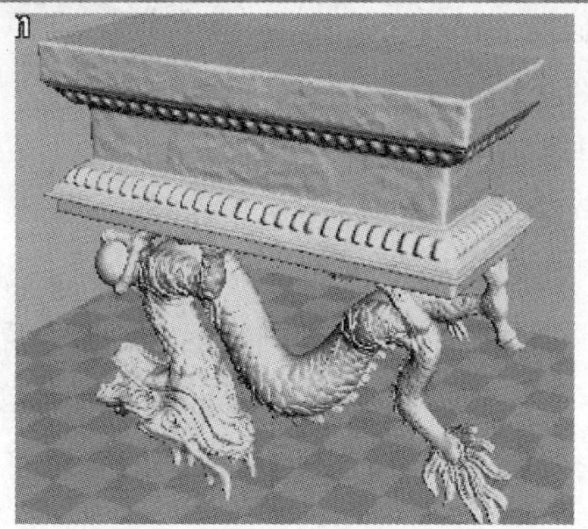

图 4－24　*X* 轴镜像、*Y* 轴镜像和 *Z* 轴镜像分别对应的效果图

(分别对应左上角、右上角和下方)

4.2.3　切片设置

除了便捷的模型预览与缩放功能,Cura 最大的特点就是能够实现模型的快速切片功能。和需要几十分钟的 Slic3r 相比,有些大到难以切片的模型,Cura 往往只需要几分钟就可以完成,这也是 Cura 能够被广泛使用的一个重要原因。

Cura 的切片与 Slic3r 相比,既屏蔽了用户不需要知道的细节,又能满足 3D 打印用户的需要,灵活简易。下面,我们将以 Mendel Prusa I3 挤出头为 0.4mm 的打印机为例,讲一讲适合该打印机的切片配置。打开基础配置界面各项目细述如下。

1. “质量(Quality)”一栏

(1) 层高(Layer height):指的是每一层中的厚度,这个设置直接影响打印机打印模型的速度,层高越低打印时间越长,打印精度越高。在此,我们填入0.3。

(2) 外层厚度(Shell thickness):指的是保卫模型内部填充的多层塑料壳,外壳的厚度很大程度上影响打印出的3D模型的坚固程度。在此,我们填入1.2。

(3) 开启回抽(Enable retraction):指的是打印机挤出头在两个较远距离位置间移动时,出料马达是否需要将丝料回抽进挤出头内。开启回抽可以减少拉丝的产生,避免多余塑料在间隔期挤出而对打印质量产生影响。

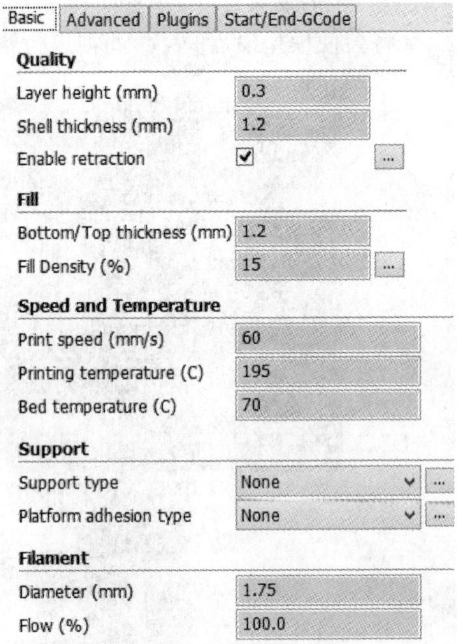

Basic | Advanced | Plugins | Start/End-GCode

Quality
Layer height (mm) 0.3
Shell thickness (mm) 1.2
Enable retraction ☑ ...
Fill
Bottom/Top thickness (mm) 1.2
Fill Density (%) 15 ...
Speed and Temperature
Print speed (mm/s) 60
Printing temperature (C) 195
Bed temperature (C) 70
Support
Support type None ...
Platform adhesion type None ...
Filament
Diameter (mm) 1.75
Flow (%) 100.0

图4-25 “基础”配置界面

注意,外壳厚度不能低于挤出头直径的80%,而层高不能高于挤出头直径的80%。如果用户填入的参数是错误的,输入框的颜色将会变为红色来提醒用户更正。

2. “填充(Fill)”一栏

(1) 底/顶厚度(Bottom/Top thickness):与外壳厚度很相似,这个值需要为层厚和挤出头直径的公倍数。在此,我们填入1.2。

(2) 填充密度(Fill Density):指的是模型内部填充的密度。这个值的大小将影响打印出的模型的坚固程度,越小越节省材料和打印时间。在此,我们填入15。

3. “速度与温度(Speed and Temperature)”一栏

(1) 打印速度(Print speed):指的是每秒挤出多少毫米的塑料丝。一般情况下,挤出头每秒能融化的塑料丝是有限的,这个值需要设置在50~60。层高设置较大的时候就应该选择较小的值。在此,我们填入60。

(2) 打印温度(Printing temperature):指的是挤出头的温度,对于PLA材

料，温度设置应该在 185～210℃；对于 ABS 材料，温度选择应该在 210～240℃。我们使用的是 PLA 材料，在此，我们填入 195。

(3) 热床温度(Bed temperature)：指的是打印机平台的工作温度，对于 PLA 材料，该项温度设置应该在 60～70℃；对于 ABS 材料，温度应该控制在 95～110℃。在此，我们填入 70。

4. "支撑(Support)"一栏

(1) 支撑类型(Support type)：有三种选择，一种是默认的无支撑(None)，一种是接触平台支撑(Touching Buildplate)，还有一种则是到处支撑(Everywhere)。在这里，接触平台支撑指所有的支撑都将附着平台，而内部支撑将被忽略；到处支撑则考虑到了内部的情况。

(2) 平台附着类型(Platform adhesion type)：在解决模型翘边问题时很有用，用户可以选择边缘型(Brim)或者基座型(Raft)。相比之下，边缘型会让模型与热床之间接触得更好，而基座型更加结实但不易去除，这个可以根据模型的实际情况进行选择。

5. "耗材(Filament)"一栏

(1) 丝料直径(Diameter)：设置的值为 1.75。

(2) 流率(Flow)：设置为 100。

图 4-26 切片设置：接触平台支撑(左)，到处支撑(右)

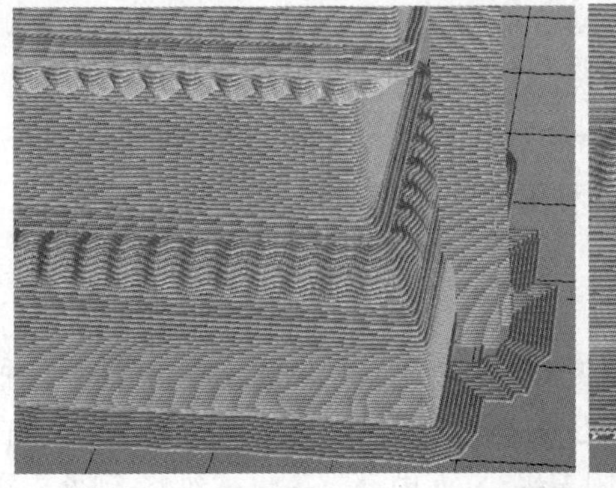
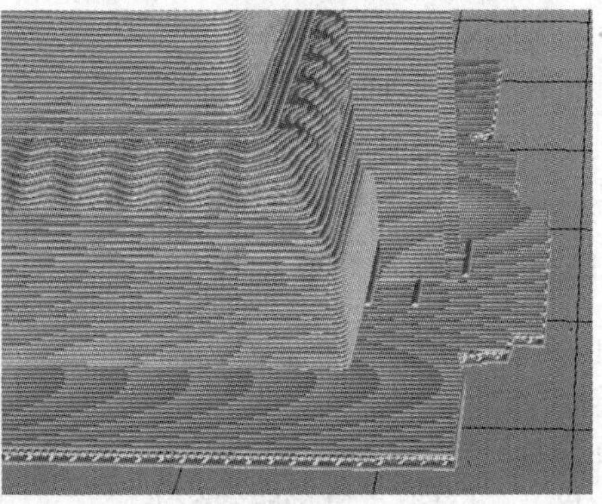

图 4－27　支撑类型：边缘型(左)，基座型(右)

4.2.4　高级设置

切片高级设置如图 4－28 所示。

Basic | Advanced | Plugins | Start/End-GCode

Machine

Nozzle size (mm)	0.4

Retraction

Speed (mm/s)	40.0
Distance (mm)	3.5

Quality

Initial layer thickness (mm)	0.2
Initial layer line width (%)	100
Cut off object bottom (mm)	0.0
Dual extrusion overlap (mm)	0.15

Speed

Travel speed (mm/s)	150
Bottom layer speed (mm/s)	20
Infill speed (mm/s)	60
Top/bottom speed (mm/s)	0
Outer shell speed (mm/s)	0
Inner shell speed (mm/s)	0

Cool

Minimal layer time (sec)	2
Enable cooling fan	☑

图 4－28　切片高级设置

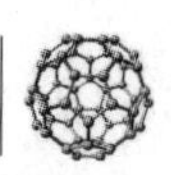

1."机器(Machine)"一栏

挤出头尺寸(Nozzle Size):在此项对应的输入框中,我们填入 0.4。不同的挤出头规格可能不同,具体需要询问供给挤出头的厂家。

2."回抽(Retraction)"一栏

(1) 速度(Speed):对应挤出头的回抽速度,这个值越大打印效果就越好,但到一个门限后会出现丝料网格化的现象。这里我们保持默认值 40.0。

(2) 距离(Distance):决定出料电机每次回抽的距离,官方默认值为 4.5。考虑到打印机的性能局限性,我们折中精度将该值设为 3.5。

3."质量(Quality)"一栏

(1) 首层厚度(Initial layer thickness)的设置是为了在如层高非常小的情况下,保证第一层与热床黏合性,如果没有特殊要求则保持与层高相同,数值填入 0.2。

(2) 首层线宽(Initial layer line width)的设置也是为了加强首层的黏合强度,这里默认值为 100。一般来说该值越大第一层越容易附着。

(3) 剪平对象底部(Cut off object bottom)用于一些不规则的 3D 模型的修剪,以便于更好地与热床附着,此处填 0.0 即可。

双挤出头重叠(Dual extrusion overlap)用于双挤出头的打印机,此处我们保持默认值 0.15。

4."速度(Speed)"一栏

(1) 移动速度(Travel speed)挤出头的移动速度,一般要远远小于 250。在此我们填入 150。

(2) 底层速度(Bottom layer speed)指的是打印第一层的速度,速度越慢,黏合性越好。此处我们填入 20。

(3) 填充速度(Infill speed)指的是内部填充的速度,该值越大,打印的耗时就越少,但质量就会越差。此处我们填入 60。

(4) 顶/底层打印速度(Top/bottom speed)与填充速度意义相同,此处使用默认值 0。

(5) 外壳打印速度(Outer shell speed)与内壳打印速度(Inner shell speed)一般使用默认值 0 即可。

5."散热(Cool)"一栏

(1) 最小层时间(Minimal layer time)指的是一层打印后的冷却时间,如果丝料被打印得过快时这个值将会保证每一层都有这个数值大小的时间来冷却。一般使用默认值。

(2) 冷却风扇(Enable cooling fan)请一定勾选上。

在这之后,Cura 会自动完成切片任务,进度条完成后,点击“File”→“Save Gode”,或者使用快捷键“Ctrl+G”,将代码保存起来。等待后面的操作。

4.3 上位机软件

4.3.1 上位机软件的定义

3D 打印的过程大致可以分为以下几步,如图 4-29 所示。

第一步,启动上位机软件,打开嵌入其中的切片软件。

第二步,导入 STL 模型文件。

第三步,输入切片过程中需要的参数,如果没有输入则使用默认配置文件。

第四步,切片软件切片,生成 G-code 代码。

第五步,上位机软件将生成的 G-code 代码加载到打印机中,控制打印过程。

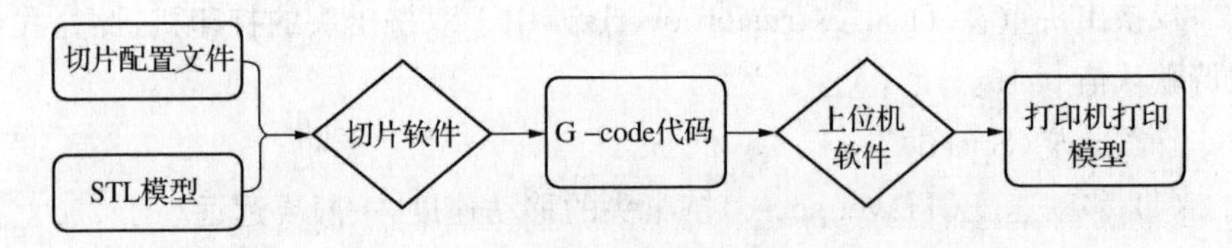

图 4-29 一般打印流程

在图中,上位机是指人可以直接控制的计算机,一般是 PC 机。PC 机通过上位机软件将指令传送给下位机(这里就是 3D 打印机),下位机再将收到的命令转换成机器可以理解的时序信号来直接控制相应设备;同时将设备的状态数据从模拟信号转化为数字信号反馈给上位机,实现上位机与下位机之间的双向通信。

4.3.2 上位机软件的作用

在前面我们介绍过,打印机的工作过程中需要源源不断地将每一个时间段打印机需要执行的步骤输入给控制板(即使是配置 SD 存储卡读取功能的打印

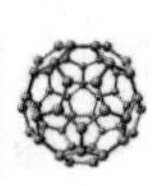

机也需要将信息导入存储卡中)，上位机软件就是这样一款用来完成打印机通信工作的软件。PC 机的配置一般较高，运行速度很快，因此 PC 机与下位机之间的接口可以选择数据传输量大、通信率高的 PCI 接口，以便实现对打印机的复杂控制和协调运动。

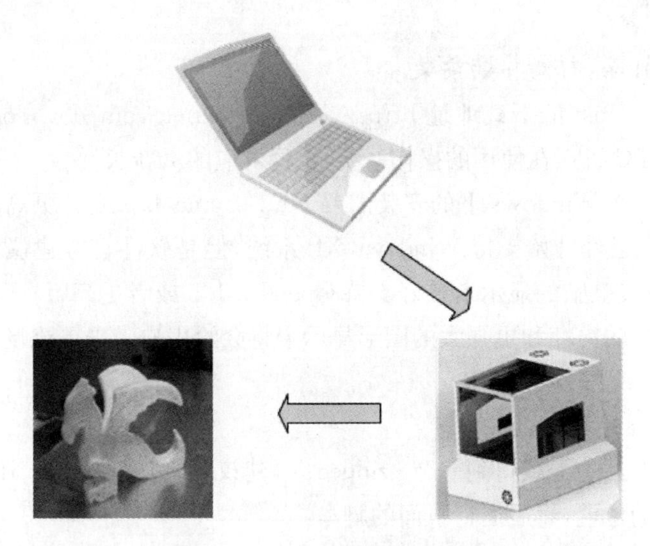

图 4－30　3D 打印造型示意图

在 3D 打印的整个步骤中，上位机软件需要实现的功能主要有以下几点。

(1) 实现打印进度的实时反馈。

(2) 提供不同的配置文件，以满足不同材料和工艺的造型要求。

(3) 提供打印机设置接口，以匹配不同类型的打印机。

(4) 将模型文件转化成符合快速成型工艺要求的数据信息。

4.3.3　上位机软件——Repetier-Host

从上面我们可以看出，选择一款成熟可靠的上位机软件，并且了解它的完整功能对于我们学习 3D 打印是十分重要的。下面我们将以 Repetier-Host 这款上位机软件为例，详细介绍其各个功能。

Repetier-Host(图 4－31)在近几年热门的开源代码项目中拔得头筹。Repetier-Host 致力于在 3D 打印的过程中实时显示模型的打印情况，并可以准确地将下一步执行的打印步骤以不同颜色显示在正在打印的断面上。Repetier-Host 中绑定有 3 款独立的切片软件，它们是 Slic3r、Skeinforge(需联网下载)和

Cura，这 3 款切片软件可以满足几乎所有的模型切片需求。

Repetier-Host（以下简称 Repetier）支持当前主流的三大操作系统：Windows、Linux 和 Mac OS X，现在的电脑基本上都符合安装这款软件的硬件条件，下面我们来详细介绍 Windows 和 Linux 环境下安装该软件需要注意的问题。

1. Windows 环境下的安装

Repetier-Host 的下载地址 http://www.repetier.com/download-now/，用户可以根据 PC 机正在使用的操作系统，选择对应的最新版。

Repetier 在 Windows 下的安装需要 NET frame 4.0 或者更高版本。虽然 Repetier 现在已经开始支持 Windows XP 系统，但是软件官方建议用户升级到更高版本，并且电脑的显示卡最好支持 OpenGL 1.5 或者更高版本，在实际的打印过程中更多的内存和更强大的图形显示卡将会给用户带来更流畅的模型浏览体验。

2. Linux 环境下的安装

从官方网站中下载得到一个 gzipped 包，建议把它从“Downloads”中移动到用户想放置的位置，然后运行下面的脚本：

```
tar -xzf repetierHostLinux_1_03.tgz
cd RepetierHost
sh configureFirst.sh
```

在完成上面的步骤之后，用户可以在 Linux 的/usr/bin 里将 Repetier-Host 的安装文件放进去，这样就可以直接通过“Repetier-Host”命令来运行该程序。运行 Repetier 需要 Mono，建议用户直接安装 Mono develop，这样可以省去从 Mono 官网查找的麻烦。另外所有的 Linux 发行版都可能存在用户权限的问题，这就需要用户把自己当前正在使用的用户放进适当的分组中。

对于 Ubuntu 用户，作者亲测了 12.04 LTS 和 13.04 LTS 这两个版本下安装并运行 Repetier，但都无法正常运行，截至书稿编写时仍未找到有效的解决办法，建议用户直接升级或安装 Ubuntu 到 Repetier 明确支持的 14.04 LTS。

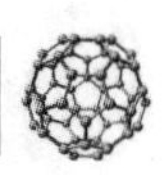

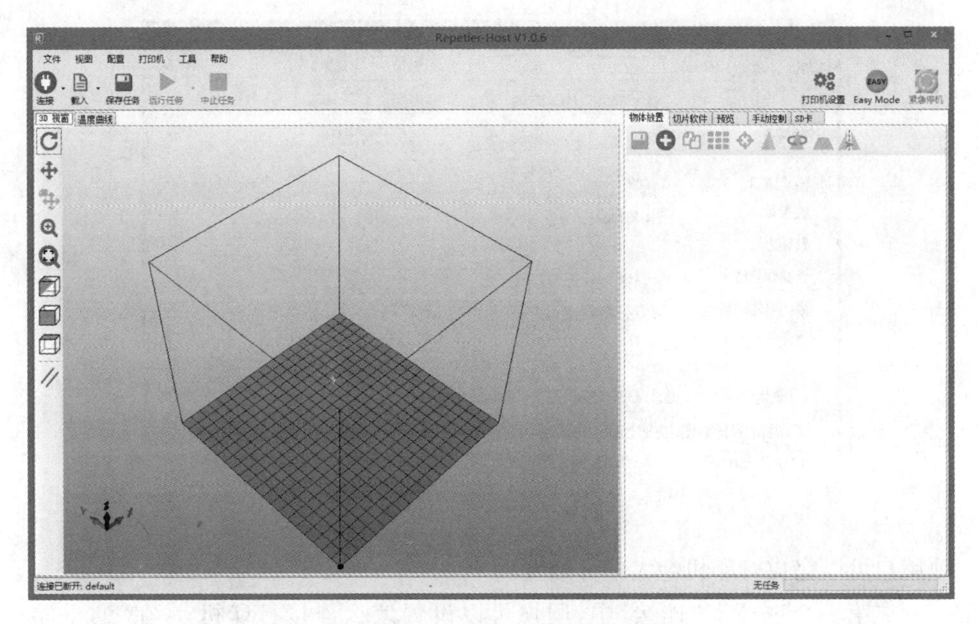

图 4－31　Repetier-Host 的主界面

4.4　打印机的配置

当用户完成 Repetier-Host 的安装之后，下一步就是通过软件配置用户的打印机，在配置完打印机之后就可以通过 COM 通信端口，将 PC 机和打印机相连。一些打印机可能需要特定的驱动程序，打印机在安装这些程序之后才能被 PC 机识别。在菜单栏中找到“配置”→“打印机设置”或者点击“打印机配置”按钮。用户将看到类似于图 4－32 的窗口。

在打印机配置窗口的顶部，用户可以看到一个名为“打印机”的下拉框，框中的名称就是 Repetier 选中的默认打印机。在开始的时候用户只能选择一台默认的打印机。如果想让 Repetier 识别一个新的打印机，用户需要更改打印机的名称，然后点击窗口下方“应用”按钮 。注意：新识别的打印机将会沿用最近被选中打印机的设置参数，若用户的打印机与上一台打印机的物理配置不相同，用户就可能需要重新设置参数，否则将导致连接失败。

在这下拉按钮的下面，用户可以看见 5 个选项卡，它们分别保存着打印机的连接选项、运动选项、挤出头出料选项、打印机形状配置和高级选项，通过这些选

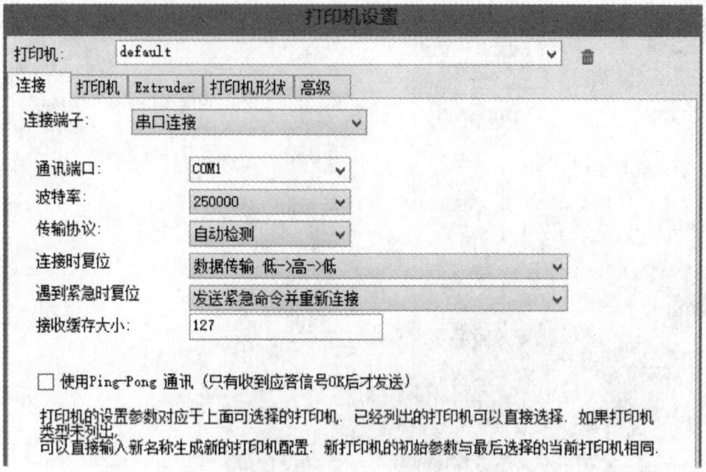

打印机设置
打印机: default
连接 | 打印机 | Extruder | 打印机形状 | 高级
连接端子: 串口连接
通讯端口: COM1
波特率: 250000
传输协议: 自动检测
连接时复位 数据传输 低->高->低
遇到紧急时复位 发送紧急命令并重新连接
接收缓存大小: 127
使用Ping-Pong 通讯 (只有收到应答信号OK后才发送)
打印机的设置参数对应于上面可选择的打印机. 已经列出的打印机可以直接选择. 如果打印机类型未列出,
可以直接输入新名称生成新的打印机配置. 新打印机的初始参数与最后选择的当前打印机相同.

图 4-32 打印机设置

项用户可以完成打印机绝大部分配置。

在第一个选项卡“连接”中,用户可以设置怎么连接打印机 。在“通讯端口”中可以选择打印机连接的端口。所有可用的端口都自动被扫描并加载到列表中(Repetier-Host V1.06 及更高版本已经支持自动刷新功能)。如果用户不确定打印机所连接的端口号,可以尝试使用“Auto”端口。之后选择传进固件的波特率,这个设置与刷写进控制板的设置有关,剩下的选项不需要做任何修改。

传输协议决定 Repetier 如何和打印机控制板进行通信,所有被 Repetier 支持的固件都可以在 ASCII 模式下工作。值得一提的是 Repetier-Firmware 这款固件也支持二进制格式。二进制通信和 ASCII 码通信相比具有以下优点。

(1) 减少传输数据大小。采用二进制传输可以将普通的数据大小减少 50%。

(2) 更强的错误校验能力。

(3) 固件解析数据所花的计算时间更少。

用户可以选择“自动检测”,Repetier 在检测到 Repetier-Firmware 固件后将自动切换到二进制格式。如果用户写入控制板的是其他固件,Repetier 将使用 ASCII 码进行通信。

接下来我们要讨论的是,怎样将数据发送给固件。它的工作形式其实就像打乒乓球一样。软件向固件发送一个命令并等待固件返回“ok”信号。这个等待

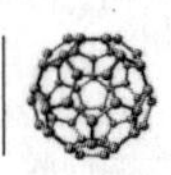

就造成了一个时间延迟，有可能造成打印机停滞的现象。为了避免停滞的发生，用户可以一次向缓冲器发送多个命令。只需要勾选掉“使用 Ping-Pong 通讯”这个选项，然后填入接收缓冲的大小就可以了，如果不知道控制板可以接受的缓存大小，用户可以在该栏填入 63，就可以满足所有打印机的正常工作；如果用户对打印机控制板的各项性能足够自信，就可以使用默认的 127（Arduino1. 0 及更低版本的固件允许用户选择 127 位）。

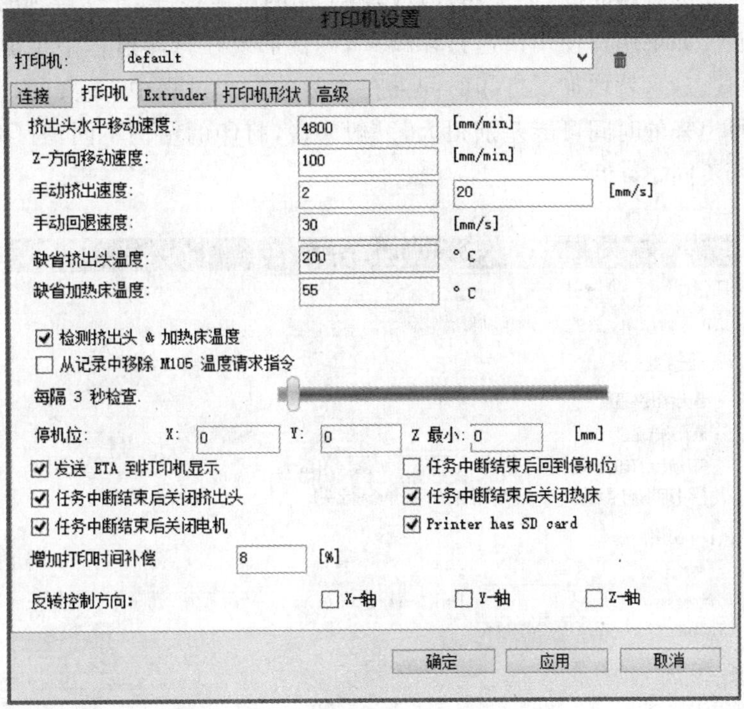

图 4－33　打印机运动参数设置窗口

“打印机”选项卡里可以设置打印机运动的参数，如在图 4－33 中所看到的，用户可以在这个窗口设置挤出头水平移动速度、Z 轴方向移动速度、手动挤出速度、手动回退速度等等。温度还可以在“手动控制”选项卡中设置，Repetier 动态读取温度值，这个我们将在后面讲到。

当用户预热挤出头准备打印时，可以发送 M105 命令给打印机让它实时返回温度值。用户也可以选择让软件自动检查挤出头的温度，默认为每 3 秒检查一次，并自动将温度显示在 Repetier 底部的状态栏中。

“停机位”所对应的 3 个坐标轴数值用来确定一个空间点，这个点会让 Repetier 告诉挤出头它应该停驻的地方，一般打印结束后，挤出头会立即回到这个点并等待下一步指令。用户也可以通过“手动控制”选项卡让挤出头回到这个点。

“增加打印时间补偿”框对应的数值将会告诉打印机怎样修正已经被计算好的打印时间。Repetier 是通过分析 G-code 的代码和各个轴的移动速度来计算总共需要的打印时间，如果用户打印机工作的速度很慢，计算得到的时间会非常精确。如果用户使用快速打印模式，固件需要在打印过程中生成一个加速/减速日志，这就增加了打印时间。在实际的打印过程中，真实的打印时间和计算得出来的时间可能差别很大，一般来说，打印的结构不同，打印的时间也会有所不同。

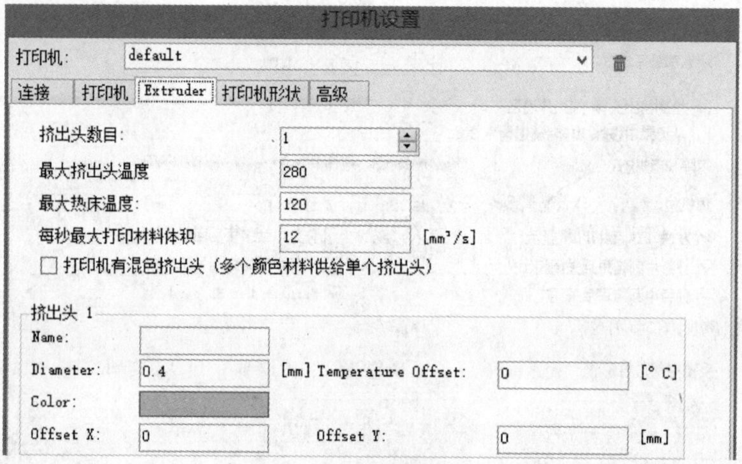

打印机设置
打印机: default
连接 | 打印机 | Extruder | 打印机形状 | 高级
挤出头数目: 1
最大挤出头温度 280
最大热床温度: 120
每秒最大打印材料体积 12 [mm³/s]
☐ 打印机有混色挤出头（多个颜色材料供给单个挤出头）
挤出头 1
Name:
Diameter: 0.4 [mm] Temperature Offset: 0 [° C]
Color:
Offset X: 0 Offset Y: 0 [mm]

图 4 - 34　打印机挤出头的设置

在名为“Extruder”的选项卡中(图 4 - 34)，用户可以自定义挤出头数目、最大挤出头温度、最大热床温度等，这些值将作为 Repetier 界面的“手动控制”对应温度的上限。每秒最大打印材料体积定义了每秒钟挤出头可以熔化的最大原料值，默认为 12 mm^3/s，如无必要请不要修改。

现在市场上已经存在双挤出头的 3D 打印机，为了满足多挤出头的需要，Repetier 支持多个挤出头设置。如果用户的打印机拥有不止一个挤出头，就需要将“挤出头数目”对应数值相应增加，我们建议用户将不同的挤出头以不同的

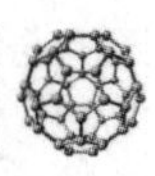

名字命名,方便用户后续的操作。“Diameter”是指挤出头的直径,“Temperature Offset”是指需要加进熔丝温度的补偿值,这两个值仅在 Cura 切片引擎中有效。“Color”对应的是熔丝的颜色,可以用来在主界面对模型进行预览,“Offset X”和“Offset Y”分别用来调节多挤出头情况下挤出头的位置。如果用户的固件(如 Repetier-Firmware)支持自动修正偏移补偿量,就需要将这些偏移量设置为 0。

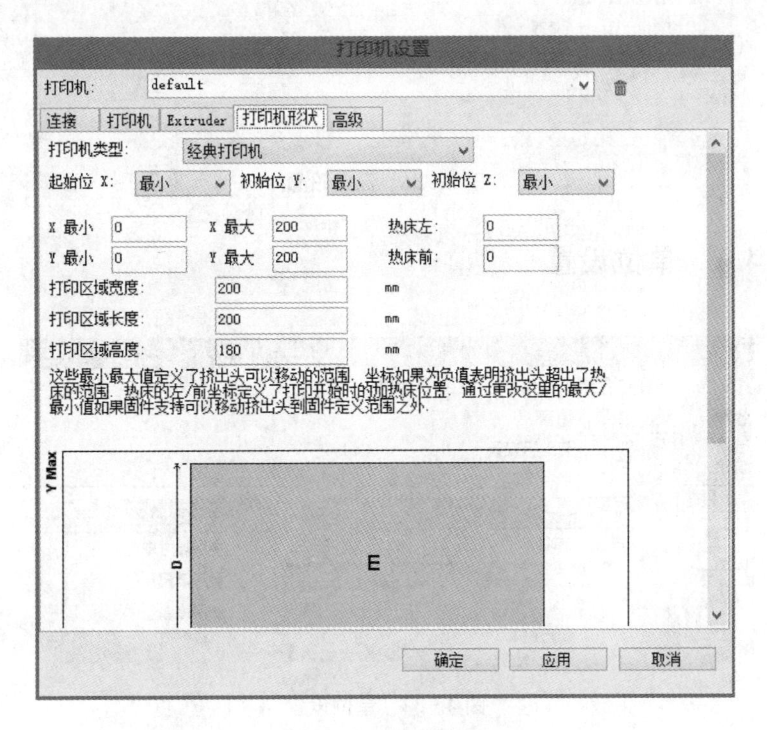

图 4－35　打印机形状设置

“打印机形状”选项卡(图 4－35)可以定义用户的打印机形状,或者更确切地说可以定义用户用来打印的区域。如果用户的模型能在打印床上打印,软件将会通过此参数来限制打印机的移动范围。用户也可以定义打印机在哪个位置(X 轴和 Y 轴)停止。如果用户载入文件后,预览模型发现超出了打印区域,而这个模型用户明确知道是可以被打印机所接受的,此时就需要根据实际设置打印区域的宽度、长度和高度。

最后一个“高级”选项卡(图 4－36)是为高级设置准备的,普通打印时不需要修改。在每次切片程序完成切片工作后,用户可以打开一个外部程序来处理

G-code代码。要想这么做的话，生成的 G-code 文件的文件名中必须含有“＃out”参数。

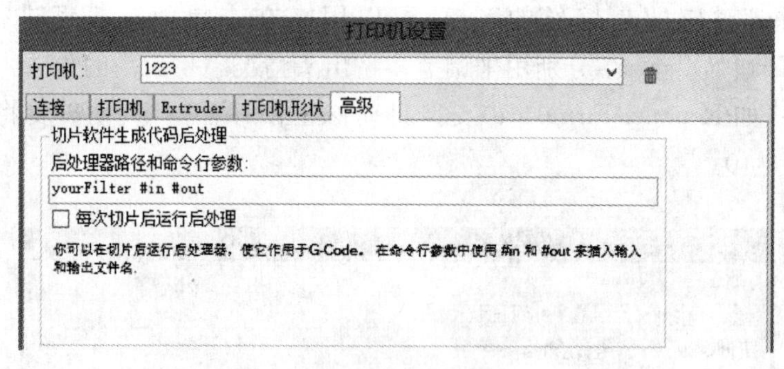

图 4－36　高级设置

4.4.1　单位设置

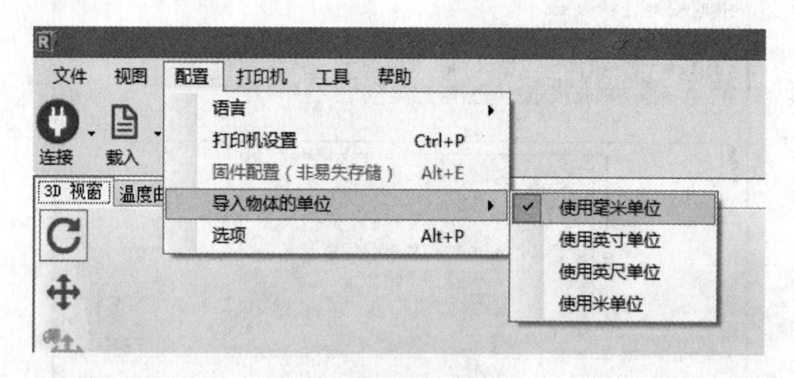

图 4－37　单位设置

STL 和 OBJ 这两种模型文件格式本身并没有尺寸信息，也不支持比例缩放，但是在实际的打印过程中必须考虑到模型的实际大小，这就涉及单位规定的问题。Repetier 内部是以毫米为单位进行运算的，即使用户勾选了其他的单位，Repetier 也会将其转化成毫米为单位来运算。

4.4.2　模型文件的导入

打开右边“物体放置”选项卡，用户可以使用“添加模型”按钮➕来导入所有的 STL 文件，如图 4－38 所示。通常人们习惯点击菜单栏下面的“载入”按钮，

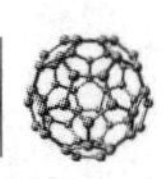

在“载入”按钮的下拉框中将会显示出载入过的历史记录，如果用户想重复打印一个文件，这将会省去很多麻烦。用户可以一次性选择想放置的多个模型。在用户导入文件之后，Repetier 将会尝试将这些文件不重叠地摆放在热床上，如果模型文件太大，可打印的区域太小，所有的模型将会堆叠在打印中心。

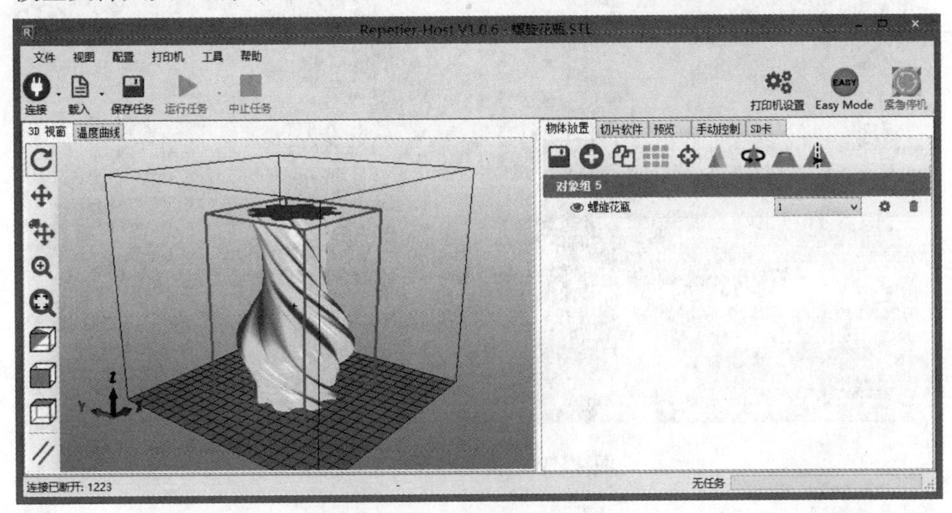

图 4－38　模型文件的导入

当配置好打印机之后，下面我们将一起学习在 Repetier 下调整、组织和放置模型，使它们打印出来的效果更加完美。

4.4.3　模型的浏览

在图 4－39 中，用户将看到一个 3D 模型。在模型预览框的左边有一些导航按钮。

前面四个按钮是用来改变鼠标左键对模型的操作行为。他们分别是（旋转按钮）、（移动视野点按钮）、（移动模型按钮）和（缩放按钮）。这些操作也可以通过 Repetier 的快捷键来实现。

（1）Ctrl 键：按住 Ctrl 键，可以使用鼠标左键得到旋转视野。

（2）Shift 键：按住 Shift 键，可以使用鼠标左键平移整个热床。

（3）鼠标右键：按住鼠标右键来移动模型。

（4）鼠标滚轮：缩放视野。

使用按钮，可以将实物缩放到合适视野的位置。使用下面的三个图标

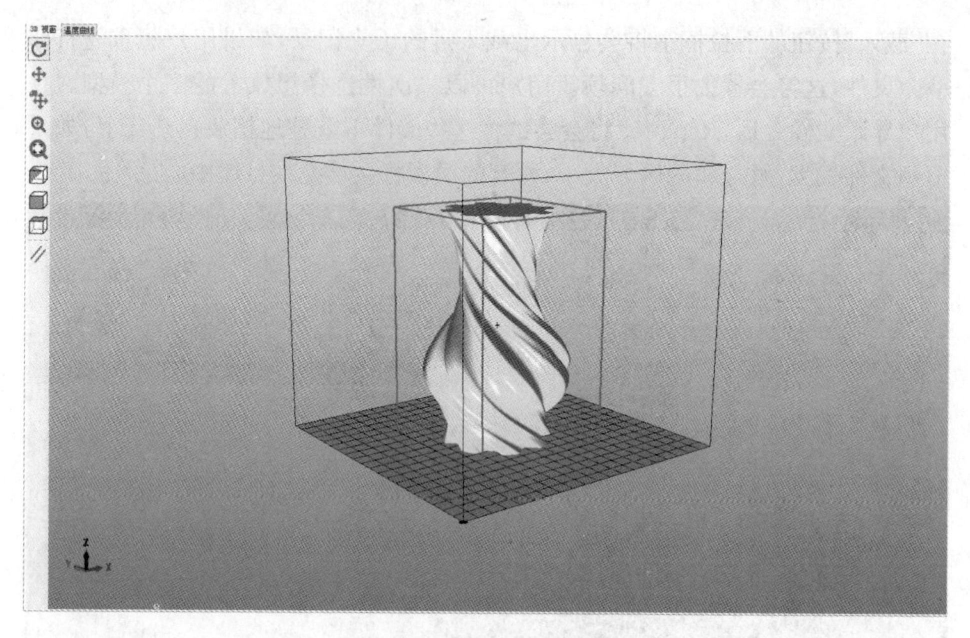

图 4-39　模型的预览窗口

，可以让 Repetier 在预定义的三种标准视图中进行切换。菜单栏中的“视图”菜单中提供更多的标准视图，如图 4-40 所示。

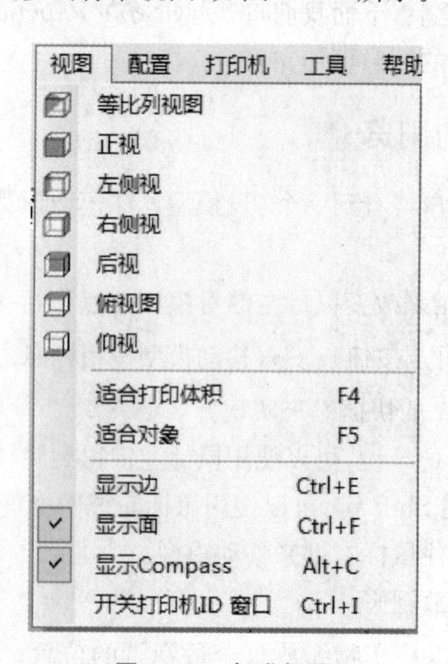

图 4-40　标准视图

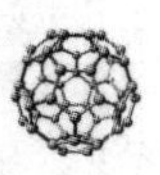

(1)“适合打印区域(Ctrl + A)”:将视图缩放到适合打印体积的最大范围。

(2)“适合对象(F5)”:将视图缩放到适合打印对象的最大范围。

(3)“显示棱角(Ctrl + E)”:显示打印对象的三角形边界。

(4)“显示面(Ctrl + F)”: 显示打印对象的三角形面。

(5)“显示坐标轴指针(Alt +C)”: 在界面左下角显示坐标轴指针。

(6)“使用平行投影”,点击时,切换显示平行投影和透视投影。

(7)“清除”按钮 :清除已选中的对象。

(8)“显示打印机 ID(Ctrl + I)”:在界面右侧顶部显示打印机名称(用户可以用它来自定义打印机的名称和显示的颜色)。当用户使用 Repetier 运行多个打印进程时,上位机使用这个来区分打印机。

强大的模型预览功能是 Repetier 这款上位机软件的特色之一,希望使用者能亲手将这些操作尝试一遍,体验 Repetier 带来的无与伦比的打印体验。

4.4.4　模型放置

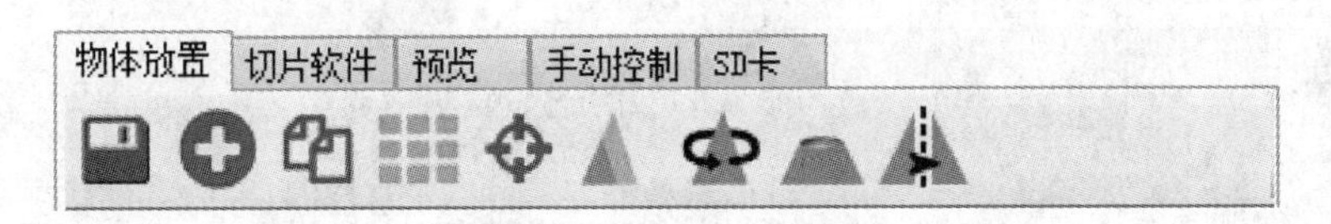

图 4 - 41　模型放置

点击按钮,用户可以选择一次导出 Repetier 中所有的模型文件。用户可以选择将它们以. amf 文件格式的形式保存下来,在重新读取该文件后可以将各个模型单独进行操作。

如果用户选择了将其保存为 STL 或者 OBJ 文件格式,所有的模型将会被整合成一个模型,用户再次对它操作就会变成对整体模型的操作。

点击按钮,用户可以添加进 STL、OBJ、AMF 等文件,这是一个十分强大的添加功能按钮。

点击按钮,用户可以多次复制被标记的模型,点击后会出现下面的窗口,如图 4 - 42 所示。

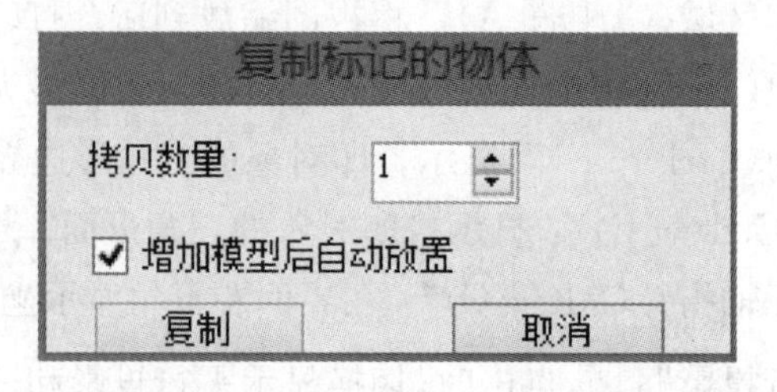

图 4-42　复制标记的物体

点击按钮,可以将多个模型有序地放置在热床的合适位置,如图4-43所示。

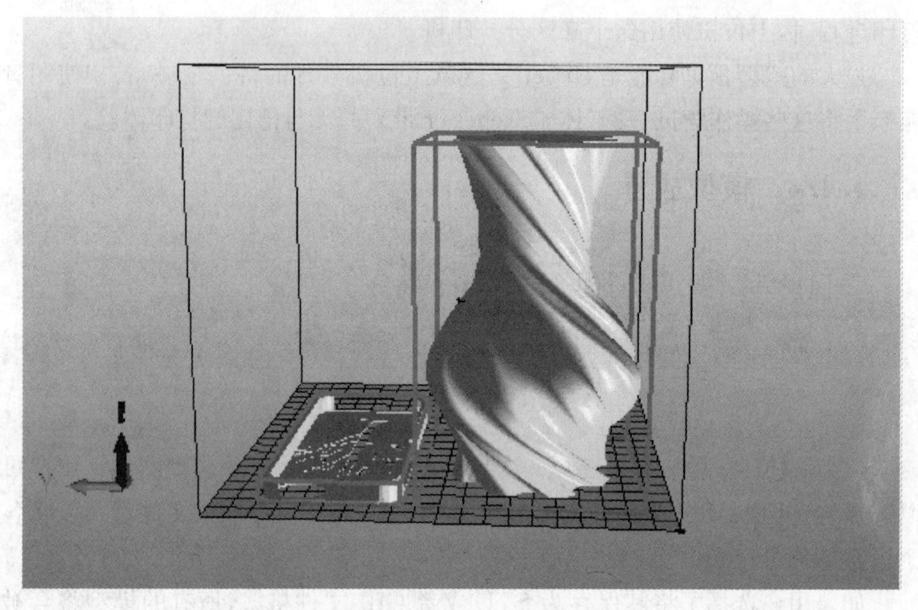

图 4-43　放置位置

使用功能,用户可以将被标记的单个物件放置在热床的中心。

点击按钮,用户可以调整被标记模型的比例,点击后会出现下面的窗口,提示用户进行下一步操作。

图 4-44　提示窗口

如果图中的锁的标志被锁定，那么用户调整一个坐标轴对应的参数，其他坐标轴的参数也会相应地被改变，这样的设计保证模型的比例。如果用户点击这个图中的锁，将其从关闭状态切换到打开状态，那么就可以分别调整每个坐标轴的参数，但是模型可能会被扭曲导致失真。点击“缩放至最大”按钮，可把模型放大至可以打印的最大值。

点击按钮，用户可以让被标记的模型绕着每个轴旋转。点击“放平”按钮可将模型水平放置在热床上，如图 4-45 所示。

图 4-45　旋转物体

这个选项对打印过程没有任何影响。拖动名为“位置”的滑钮将改变切片的高度位置，相应的“斜度”和“方向角”滑钮将定义切片的旋转角度和剖切面，如图 4-46 所示。

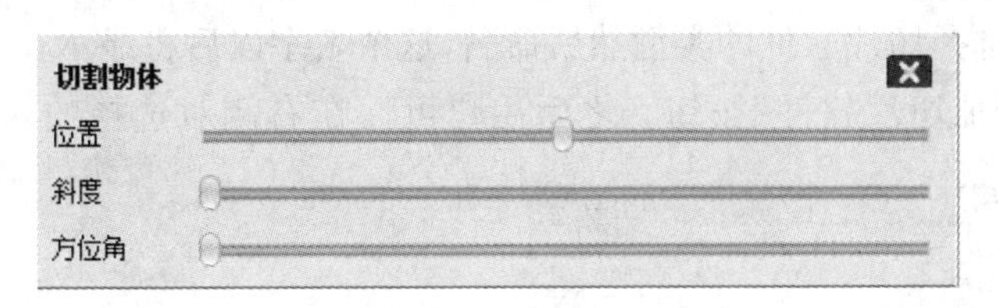

图 4-46　切割物体

4.4.5 选择和移动模型

用户可以通过点击右键来选择一个模型。如果用户按住 Ctrl 键的同时鼠标按右键点击了某个模型,那么这个模型将会被标记。

要想移动对象,用户需要在按住 Alt 键的同时点击鼠标左键拖拽选中的对象。若用户当前视图为俯视图,那么对象移动的方向将与用户鼠标移动的方向一致,否则移动的方向则与鼠标移动的方向不同。如果对象在移动之后不能完整地位于打印床范围内,该模型就会跳动或发生颜色变化。这种显著的提醒方式将有助于用户在 Repetier 开始切片前及时发现问题。

如果用户的打印机不止一个挤出头,那么就需要用到物体组了。多个挤出头的打印机通常需要对每一种颜色导入一个格式为 STL 的文件。在用户载入完它们之后,每种(颜色)将会有它们自己的组,而这通常会导致错误的相对位置关系。用户需要拖动第二个 STL 文件将其放置在第一个文件上使它们合并成一个组,在合并完之后用户必须为每一个文件分配一个挤出头。给不同组分配同一个挤出头通常会在切片过程中引发错误。

4.5 切片软件设置

在用户使用任何切片软件前,需要告诉 Repetier 去哪里找到该切片软件需要的可执行文件和对应的配置文件。如果用户使用的是 Windows 安装程序,那么这些设置就已经完成了。此外,用户还可以添加任意数量切片软件配置实例,只需要打开切片软件的管理面板,就会出现下面的窗口,如图 4-47 所示。

在左侧用户可以看到已经配置好的切片实例列表。在底部,用户可以添加新的实例。选择切片软件的类型然后命名,这个名字以后将显示在 Repetier 中,然后点击“增加切片软件”按钮。之后用户可以在右侧对选择的切片软件进行设置。

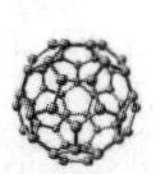

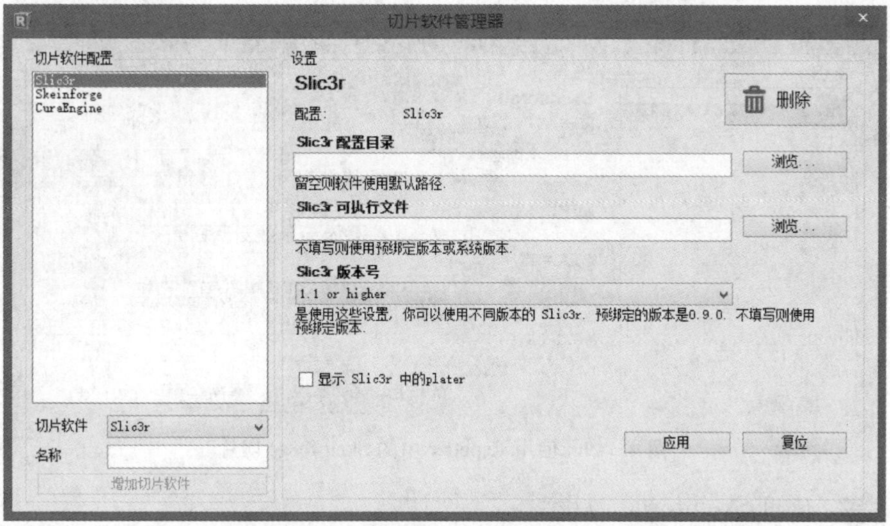

图 4－47　使用 Repetier 中的 Slic3r 切片

1. 使用 Slic3r 切片

Repetier V1.06 支持 1.1 或者更高版本 Slic3r 嵌入其中运行，当 Repetier 找不到配置文件或者用户想使用不同版本的 Slic3r 时，就需要选择配置路径或者切片软件。

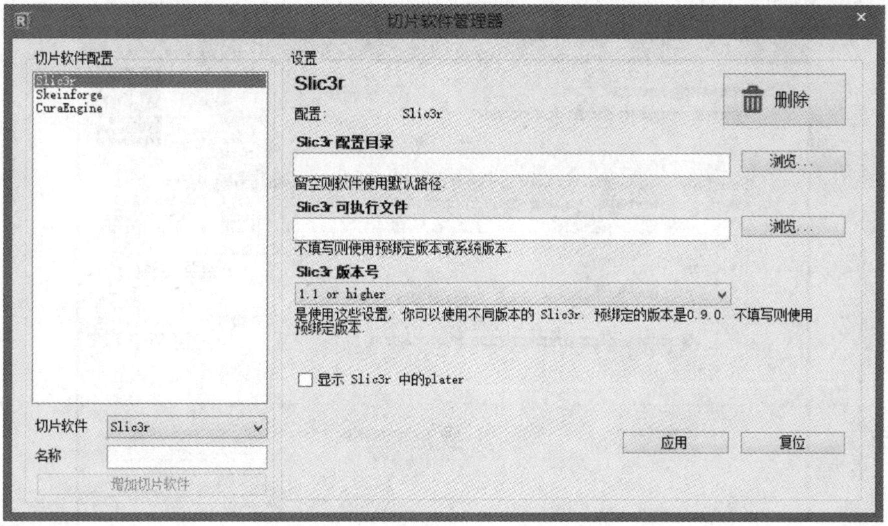

图 4－48　切片软件管理器

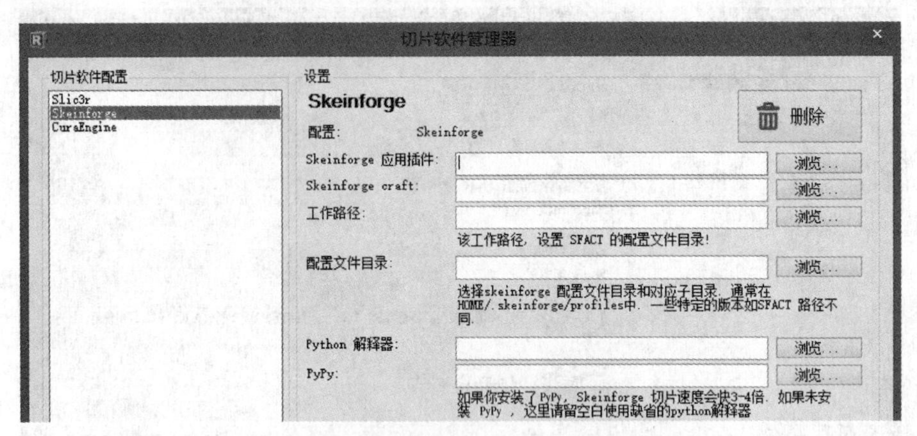

图 4-49　使用 Repetier 中的 Skeinforge 切片

2. 使用 Skeinforge 切片

Skeinforge 切片软件是使用 Python 语言来编写的，如果用户需要运行这款切片软件就必须安装 Python2.7，并选择 Python 解释器所在的路径，如果用户想获得更快的切片速度，就需要安装 PyPy 加速器，然后在对应的输入框中选择 PyPy 可执行文件；如果用户在切片前忘了填写 PyPy 的路径，那么在切片的执行过程中将会调用 Python 默认的解释器。（注：PyPy 是 Python 语言的动态编译器，运行速度比 Python 快 3～4 倍）。

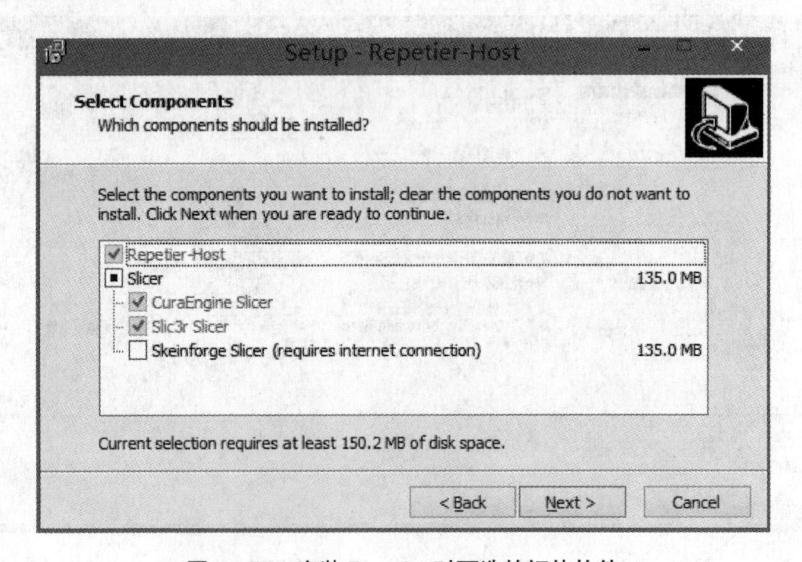

图 4-50　安装 Repetier 时可选的切片软件

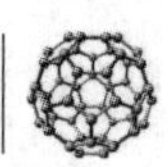

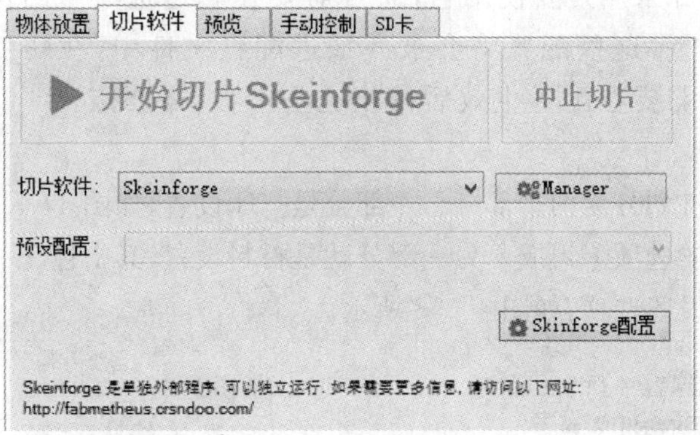

图 4－51　使用 Skeinforge 切片

在使用 Skeinforge 切片前，需要安装两款软件，一个是 Skeinforge 本身，可以在安装 Repetier 时在互联网上下载；另一个是名为 skeinforge_craft. py 的切片引擎。Skeinforge 本身包含所有的配置文件，在用户选择它的切片配置软件后就可以进行切片。如果用户使用的是 SFACT 版本而非标准版的 Skeinforge，这就需要指定一个保存配置文件的工作路径。"配置文件目录"是 Skeinforge 保存切片配置文件的目录，在首次运行 Skeinforge 程序之前，该目录并不存在，Skeinforge 将在程序根目录下创建一个子目录，用户需要在这个子目录下选择配置文件。

3. 使用 CuraEngine 软件切片

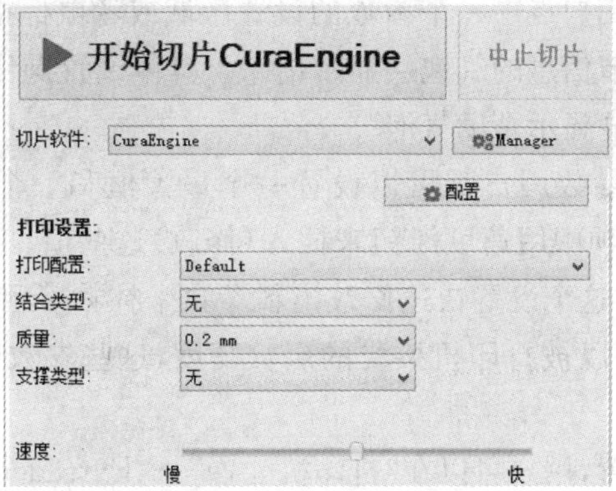

图 4－52　使用 CuraEngine 切片

CuraEngine 是一个外部的切片软件，如图 4－52 所示，它和 Repetier 捆

绑在了一起。如果用户要使用它，通常需要在右边选项卡的快速设置栏选择预定义的配置，这些配置将会被叠加进配置文件中，在切片过程中被实现。如果用户需要在配置生效后修改这些参数，需要点击“配置”按钮，进入配置界面。

配置窗口被划分为两个部分。一部分是打印设置，如图4-52所示，而这一部分由5个小的选项卡组成。另一部分就是材料设置，其中包含了一些挤出头、挤出原料等的设置选项，如图4-53所示。

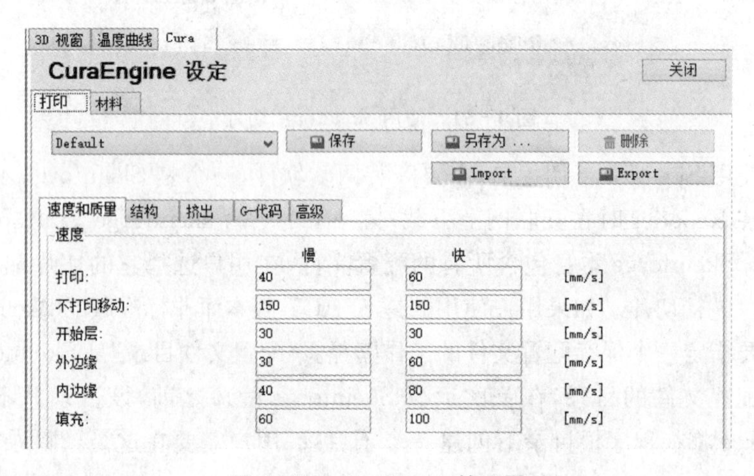

图4-53　CuraEngine的设置

如果用户需要加入一个新的配置，用户可以点击“另存为”按钮将当前设置信息保存下来。当用户点击一个参数的设置区域或者鼠标指针停留在其上时，一个写有该参数细节信息的气泡会显示出来。具体设置操作在“设置”→“首选项”→“基本设置”→“显示帮助气泡”。

每个运动速度参数用户都可以设置一个最大值和一个最小值，也可以在CuraEngine切片选项中用速度滑钮来插入（修改）这些值。用户发现打印中出现问题时，可以通过这个设置快速修改出料参数来补救模型。用户也可以在该分组中，定义一些可以被打印机接受的层数高度，这些参数会和打印设置同时工作。

其他的一些设置，用户可以在“打印机配置”→“Extruder”选项卡中找到，如图4-54所示。

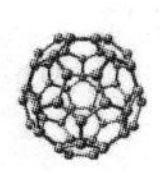

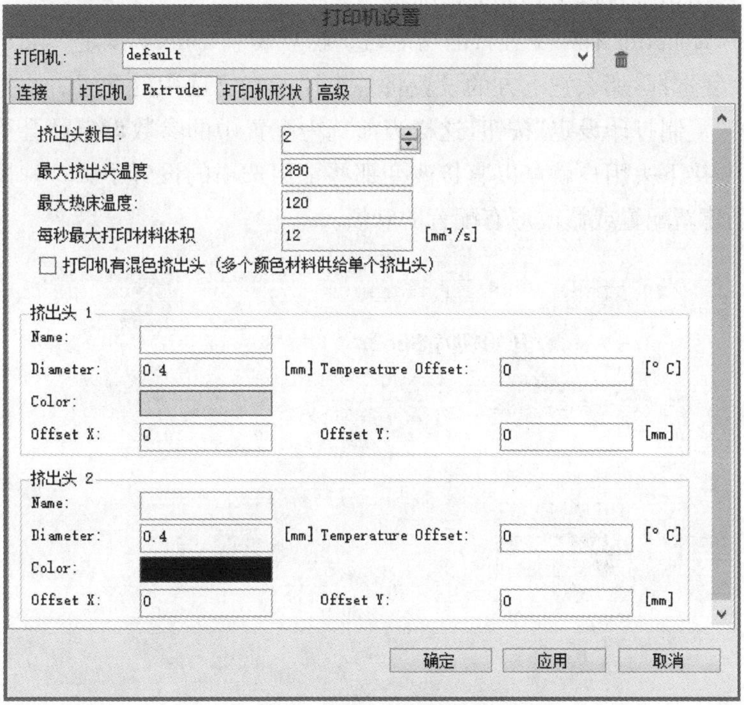

图 4－54 打印机设置

Cura 切片引擎并不直接处理温度，如果用户需要修改打印温度，就需要在 Repetier 主界面的“G-code”选项卡中进行修改。当用户加入改变温度的代码后，打印机执行需要一些后续的步骤，切片的速度将会相应降低。

4. 使用 Slic3r 软件切片

Slic3r 是 Repetier 所捆绑的切片程序之一，点击“配置”按钮可以启动这款独立的软件，并对它进行配置。用户可以按自己的需要创建出无数个配置文件，配置完成后切换回 Repetier，用户可以看到这些配置文件出现在“打印设置”相应的下拉列表框中。对被载入的模型进行切片时，请先选择用户需要使用的配置文件，随后点击“开始切片 Slic3r”按钮。切片开始后，屏幕上将出现一个进度条告诉用户当前切片进度，如图 4－55 所示。

如果 Slic3r 在切片过程中遇到错误，界面底部的记录区域将显示错误信息，因此请始终保持记录区域可见并激活“记录错误(Errors)”选项。如果 Repetier 提示无法找到切片后的 G-code 文件，那么通常是由于 Slic3r 在导出文件时出错,请查看出错报告以了解详细情况。

此外,Repetier 有一个独特的功能,这就是“覆盖 Slic3r 设定”,如果用户选定了这个复选框,那么它下方的设置将替换掉所有已选中的配置。我们推荐用户先点击“复制打印设定”按钮,这样当前选中配置中的参数设定就会被复制到重写项中,接下去用户就可以直接改变那些常用选项的设置了。这种操作方式省去了创建新配置或修改原有配置的麻烦。

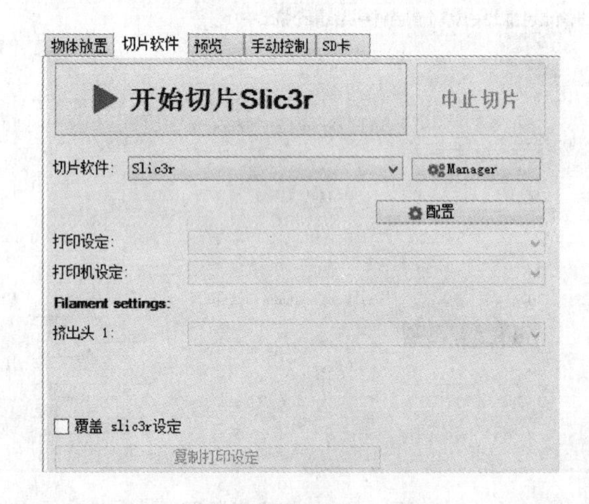

图 4-55　使用 Slic3r 切片

4.6　手动控制

当用户连接上打印机,并准备开始的时候,会经常进入到这个选项卡,如图 4-56 所示,这里也是可以对打印机直接进行操作的地方,也可以看到打印机的实时状态。

在开始介绍之前,我们先要了解 Repetier 面向用户的两种模式,一种是简单模式,另外一种是复杂模式。在简单模式下,Repetier 把G-code代码发送框和调试框隐藏起来。

在复杂模式下,用户将会看到第二行有一个可以发送的输入框,可以允许用户发送自己需要告知打印机执行的 G-code 代码。按回车键或者点击“发送”按钮。使用光标和方向键中的上下按键,用户可以移动手动控制历史里的指令。

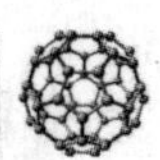

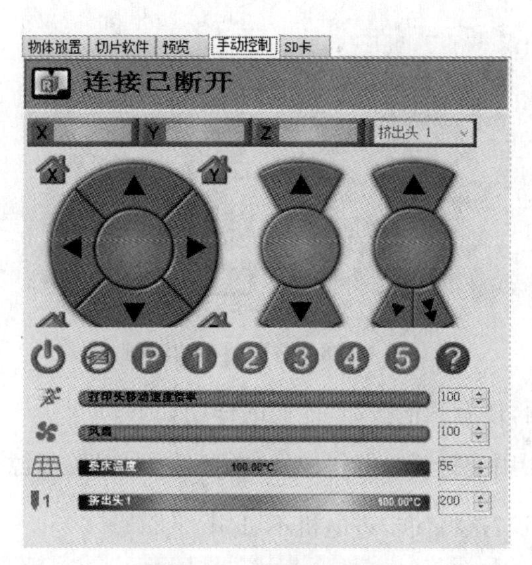

图 4－56　手动控制界面

下面类似遥控器按键的箭头是用来控制挤出头的位置。点击箭头，用户可以将挤出头移动至任何位置。当用户的鼠标悬停在箭头上时，用户可以看见一个以 mm 为单位显示的距离，这是在告诉用户当前移动的距离的数值。在顶部用户可以看见当前挤出头的位置。在对打印机进行连接之后，坐标轴里的值将变成红色。在红色状态下，用户不能移动 X 轴，这时需要点击“home”键来将挤出头移动到它被定义的原始位置，上述操作之后字的颜色将会变成黑色。此外，挤出头的移动将只可能在打印机所设定的打印立方体内。如当前用户的挤出头在 X 轴上的位置为 180 mm，而打印机 X 轴总长为 200 mm，那么用户在使用手动控制按钮控制挤出头向 X 轴正向移动 50 mm 时，保护机制将启动，挤出头将只会移动到 200 mm 的地方，然后停下。

图 4－57　输入框

当用户使用手动控制界面的方向键来移动时，挤出头的移动位置会被限制来保护打印机的物理硬件。需要注意的是，如果用户通过 G-code 代码来移动挤出头，G-code 代码机会绕过这层保护机制直接控制挤出头移动，如图 4－58 所示。

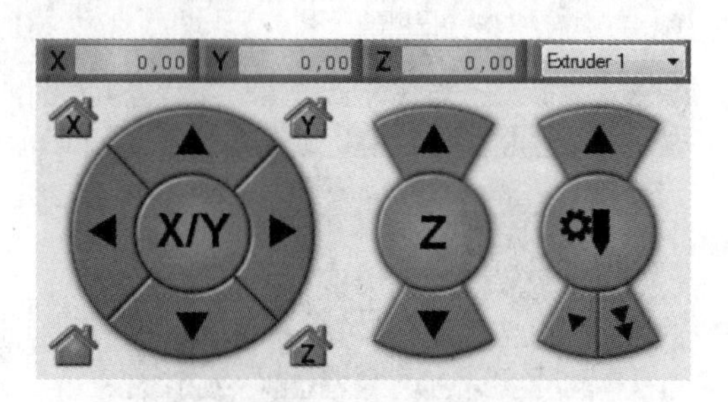

图 4-58　方向轴手动控制

在方向键下面,还有其他按钮,他们的作用如下。

(电源键):用于打开电源供应,该功能需要 ATX 电源支持。

(停止电机):这将使步进电机不可用。

(驻留):将打印机挤出头移动到打印机设置的驻留位置。

(帮助按钮):当用户激活这个按钮,鼠标悬停在手动控制的区域,这个区域就会弹出帮助气泡来解释该项对应的内容。

(数字按钮):用户可以将先前定义的脚本发送给打印机。用户可以在G-code编辑器里修改这 1~5 个脚本,点击对应数字按钮就会将 1~5 脚本对应的G-code代码发送给打印机执行,如图 4-59 所示。

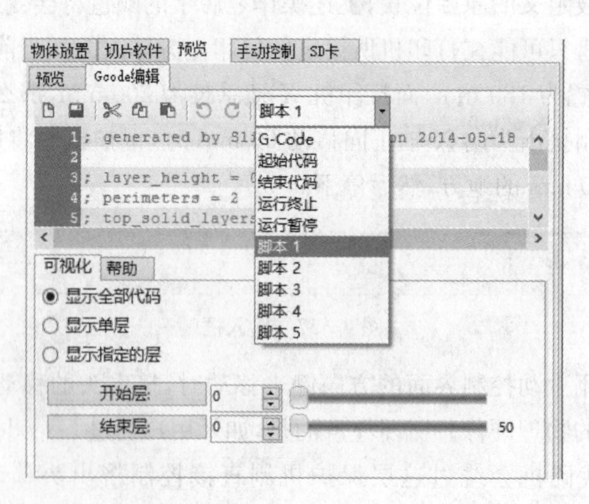

图 4-59　预览窗口

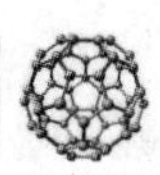

让我们回到手动控制选项卡。

“打印头移动速度倍率”滑动按钮，如图 4－60 所示，允许用户改变打印机移动和打印速度。这个功能是在 Marlin 和 Repetier-Firmware 固件下的测试功能，改变这个速度将会影响挤出头的给料速率。

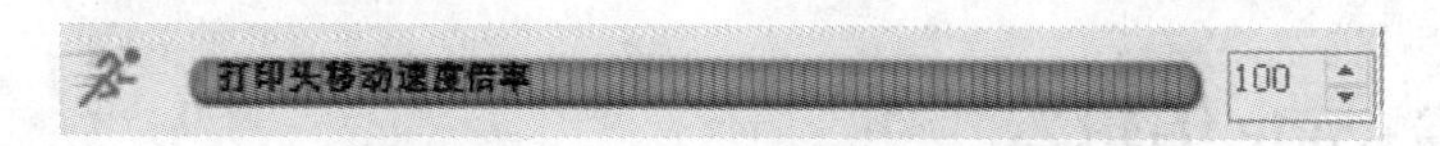

图 4－60　打印头速率控制窗口

复杂模式下，用户可以改变“挤出头挤出速度倍率”，如图 4－61 所示。

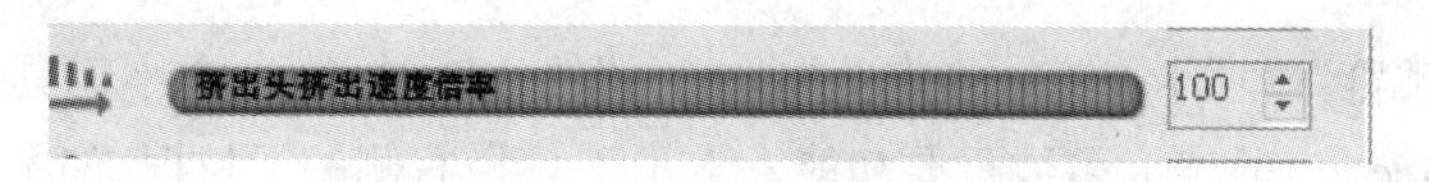

图 4－61　挤出头速率控制窗口

挤出头和热床的温度模块允许用户改变它们的温度。用户可以在右边的温度框里点击或者拖动温度条来改变温度。如果用户想要在温度框里面改变了这个值，就需要点击“回车”键或者离开该区域并点击软件的空白区域来使这个值生效。用户可以在温度条的右边看到打印机最后一次读出的温度；当温度过高时用户可以点击热床或者挤出头图标，Repetier 将不再发送温度控制指令，加热将会停止，再次点击将会激活温度控制功能。

在复杂模式下，用户可以在最后一行设置“调试选项”，如图 4－62 所示。“Echo 信息”将重复接收到的行，所以用户通常希望将它关闭。“信息”和“错误”将显示调试层面的信息。最后一个功能只在打印机固件是 Repetier-Firmware 的时候有效，“试运行”模式里面，固件将忽略所有的设置温度或者挤出头的命令，那样用户就可以发送一个命令而不使用任何原料。如果打印机在打印过程中缺失了一些步骤，而用户很想研究一下是什么时候发生的和为什么会发生就可以使用该功能。如果用户正确操作后，打印机仍无法正常运行，那么用户需要先检查 Repetier 是不是在试运行状态下工作。

最后一个按钮“确”将伪造一个从打印机接收来的“OK”信息。如果打印机停顿了，它可能就是因为用户的固件发送了一个“OK”，而 Repetier 由于某种原因只接收到了一个字符，这种情况下，点击“确”按钮就可以重启打印进程。

图 4-62 调试选项窗口

4.7 G-code 编辑器

4.7.1 编辑器的元素

在"预览"选项卡下有一个名为"G-code"的小工具条，这个小工具条里包含了关于 G-code 的绝大多数重要功能。点击工具栏右侧的下拉框，如图 4-63 所

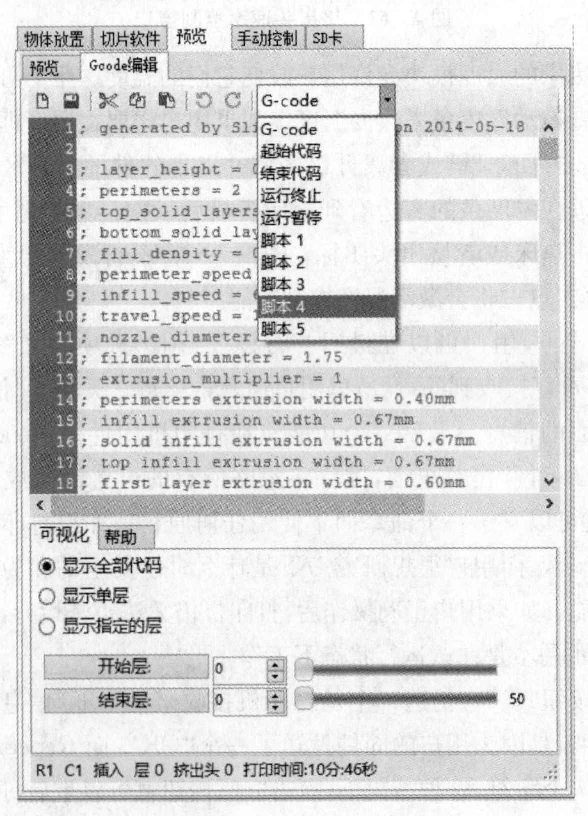

图 4-63 G-code 编辑窗口

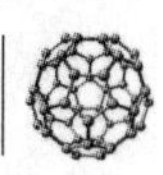

示,用户可以在这里选择想要编辑的内容。而下拉框中的其他选项都是一些小段的代码,这些代码将根据各自不同的含义来执行。当用户点击“保存”按钮时,Repetier 将把这些代码和当前打印机配置一起保存起来。另外,只有当下拉框中的“G-code”被选中的时候,才会弹出来一个文件浏览框,用来告诉用户需要保存的位置。

4.7.2　G-code 起始代码与结束代码

Repetier 的主界面上有三个很明显的按钮,他们分别是（“保存任务”按钮）（“运行任务”按钮）和（“中止任务”按钮）。在 Repetier 里,任务包含了三段代码的数据,这三段代码分别是“G-code”工具条下拉框中出现的“起始代码”“G-code”和“结束代码”,任何任务都需要包含这三段代码。

4.7.3　中止/暂停任务后继续运行

如果最后一点料丝也用完了,用户可以点击“暂停任务”按钮,更换完料丝后,再点击“继续任务”按钮,在进行这些步骤之前,注意不要做以下几件事情。

(1) 将 X,Y,Z 轴归零。

(2) 用 G-code 代码重新定义坐标轴。

(3) 向下移动喷头。

在此期间,用户可以指挥打印机做以下几件事情。

(1) 改变坐标轴的相对或绝对位置,例如抬高喷头。

(2) 移动喷头位置。

(3) 挤出料丝,重设挤出物的位置。

(4) 改变温度。

但是经验告诉我们在点击“暂停任务”按钮之后尽量不要有其他操作,虽然 Repetier 可以记住当前位置,但在归还原位时可能会有偏差,所以最好在打印前准备好足够的材料。

当编辑器载入 G-code 文件后,只要激活了“显示材料”选项,用户就可以在 Repetier 程序界面的左侧看到每一层料丝的打印情况。通常,较低层的料丝隐藏在较高层的料丝之下。在编辑器下方的“可视化”标签页里,可以选择观察

G-code可生成模型的方式。默认的是“显示全部代码”，如果用户想观察某一层或某一个范围的若干层，请选择“显示单层”和“显示指定的层”，并使用编辑器底部的滑动指针来选择相对应的层。如果用户在编辑器中选中了某一行或某几行代码，并且这些代码的含义是打印命令的话，那么相对应的料丝将在视图中以高亮显示。

4.8 使用 Repetier 过程中常见问题

4.8.1 连接问题

在开始时经常出现的问题就是与打印机的连接问题。用户应该关注打印机的三种连接状态，并首先发现自己的问题发生在哪一种状态。

(1) 选择正确的串口。使用的方法是，用户首先保证电脑中已经安装了打印机驱动。此外，在打印机的设置里面有一个下拉列表来选择打印机的串口。用户只有选择了打印机的串口后，才可能连接上打印机。这些串口只有在打印机连接后才可见。所以先物理连接打印机，然后再选择对应的串口号。

(2) 连接到串口后，并不意味着用户可以使用上位机与其通信了。这仅仅意味着电脑已经通过 USB 串口和打印机的控制板连接上了。

(3) 开始通信。这是绝大部分问题出现的地方。在一个成功的重置命令后，固件将会发送一个“开始”信号来告诉上位机，固件已经准备好开始接收命令了。如果屏幕上没有显示那个“开始”命令，或者是显示了一些异常字符，那就可能是用户把波特率设置错了，如果用户想使用不同的波特率，可以在上位机软件里进行修改。

(4) 上位机软件在初次连接时会显示一些错误，用户可以忽略它们。大多数控制板有两个连接口，它们用来连接固件和 PC 机。一个是从电脑的 USB 口到打印机控制板的接口转换设备，另一个就是转换设备到处理器之间的连接口。波特率只会影响转换器与处理器之间的连接。

4.8.2 上位机崩溃的原因

有时候上位机软件会在启动时崩溃，可能的原因有以下几点。

(1) 上位机的新版本要求的 NET3. 5SP1 或者 NET4 没有被安装。

(2) 电脑没有安装 OpenGL 驱动。

(3) 内存不足。

(4) 操作系统不支持,用户需要安装 Windows XP 或者更高版本,或者一个附带有最新版本 Mono 的 Linux 操作系统。

(5) 注册时数据无效,出现这种情况后用户需要删除上位机的注册数据。

4.8.3　上位机设置

上位机的设置被存储在 Windows 的注册表中,在 Linux 操作系统中他在 User 目录下,在 Windows 操作系统中,按"Win+R"键来进入注册表。用户可以看见注册表树在左侧,在右侧是被选中键值。上位机软件将所有的数据存储在 KEY_CURRENT_USER/Software/Repetier 和它的子目录中。如果用户有一个运行很好的配置文件,就可以将注册表树在编辑器中导出。用户也可以删除 Repetier 键值文件夹,上位机软件将会在下一次启动后创建一个新的键值文件夹。

思考题

1. 市场上有部分 3D 打印机将 PC 端的上位机软件功能集成在与打印机相连的触摸屏上,请你查阅资料谈谈这样设计的优点和不足。你认为将上位机软件功能集成在触摸屏上会成为未来 3D 打印机发展的潮流吗？为什么？

2. 请你从网络上下载 Repetier-Host 1.0 版本以及最新版本,完成模型的切片到预览操作,谈谈该软件 1.0 版本和最新版本的异同。

3. 除了 Repetier-Host 以外,你还知道哪些 3D 打印机的上位机软件？谈谈它们的优点和不足。

4. Repetier-Host 如今已经不再是开源软件,请你查阅资料,就此话题谈谈你对该软件不再开源的理解,以及未来开源软件的发展方向。

5. 你认为 Repetier-Host 这款软件还有哪些值得改进的地方？为什么？

第五章　HOFI X1 3D 打印机组装实例

5.1　HOFI X1 3D 打印机介绍

前面绍了 Mendel Prusa I3 改进版的组装与调试，在实际动手操作过程中我们发现 Mendel Prusa I3 系列打印机的组装比较烦琐，组装完成后大量导线裸露，容易缠绕在一起阻碍打印机平台的正常行进，且打印性能并不如商家介绍的那样稳定，异常的打印中断情况时有发生。由于上述原因，我们将介绍另外一种性能更加优越的 3D 打印机——HOFI X1 。

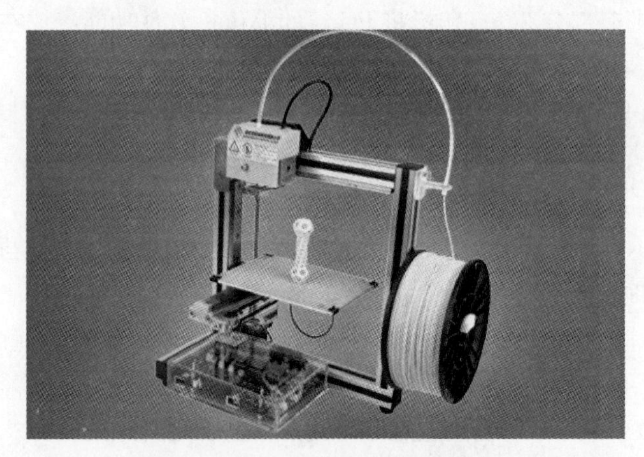

图 5-1　HOFI X1 3D 打印机外观图

HOFI X1 是南京宝岩自动化有限公司最新推出的桌面式 3D 打印机，机身简洁，性能完善，适用于教育、医疗、工业、艺术设计、建筑等多个行业及个人。HOFI X1 是基于 FDM 工艺的快速成型设备，根据三维设计文件，通过加热

ABS 塑料丝，熔融后从喷头挤出层层堆积成型，新推出的 HOFI X1 具有以下特点。

(1) 模块化设计，组件可以更换改装，同时赋予用户更多自主空间。

(2) 工作时产生的噪音低，适合办公及家庭环境。

(3) 采用直线导轨与 T 型丝竿，结构更加稳定。

(4) 丰富的耗材颜色供用户自由选择。

(5) 简洁的设计方便组装与调试。

在这里选择宝岩公司的 HOFI X1 打印机是考虑到与普通 3D 打印机爱好者所售卖的打印机相比，其性能更加突出，外观更加简洁，并且打印机的电气连线全部布置进支撑框架内部，避免了线路纠缠的困扰；同时整体架构设计合理，并创造性地使用直线导轨来取代旧式的直线滑竿，使稳定性有了质的飞跃。除此之外，南京宝岩公司承诺为其 3D 打印机及系列产品提供比一般厂商更细致的售后保障，解除了消费者的后顾之忧。

HOFI X 系列一共更新了三代，现在 HOFI X1 系列打印机提供了两种版本，分别是完整组装版和 DIY 版。DIY 版将不再得到组装好的整机，取而代之的是组装好的核心部件及分类包装的打印机散件，用户需要花费大约半天的时间自行组装，这也是本篇附录将要详细介绍的。由于 DIY 版降低了 3D 打印机组装的费用和长途运输损坏打印机器件的风险，售价比完整组装版要便宜不少。除此之外，用户还可以选择 DIY 版的低配版，低配版在标准版的基础上使用直线滑竿取代直线导轨，虽然使用直线滑竿是包括 Ultimaker 等著名 3D 打印机厂商所提供的解决方案，但和使用直线导轨相比，打印机的整体性能可能会略微下降。

下面展示的是 HOFI X1 的相关技术规格，如表 5－1 所示。

表 5－1 HOFI X1 技术规格

成型尺寸	190 mm×150 mm×150 mm
打印速度	60 mm/s
成型精度	±0.2 mm/100 mm
成型材料	1.75 mm ABS/PLA
支持文档格式	STL，G-code
系统运行环境	Windows 7/XP

（续表）

成型尺寸	190 mm×150 mm×150 mm
通信方式	USB/SD 卡
X,Y,Z 轴导向部件	25 mm 宽进口直线导轨
电源功率	180 W，AC100—240 V
待机平均功耗	5 W
设备净重	5.8 kg
外观尺寸	340 mm×320 mm×420 mm
包装重量	8.8 kg
包装尺寸	386 mm×366 mm×470 mm

5.1.1 组装清单

正如上文所介绍的，DIY 版将不再得到组装好的整机，取而代之的是组装好的核心部件及分类包装的打印机散件，这在一定程度上降低了安装的困难程度。打开包装好的组件如图 5-2 和 5-13 所示。

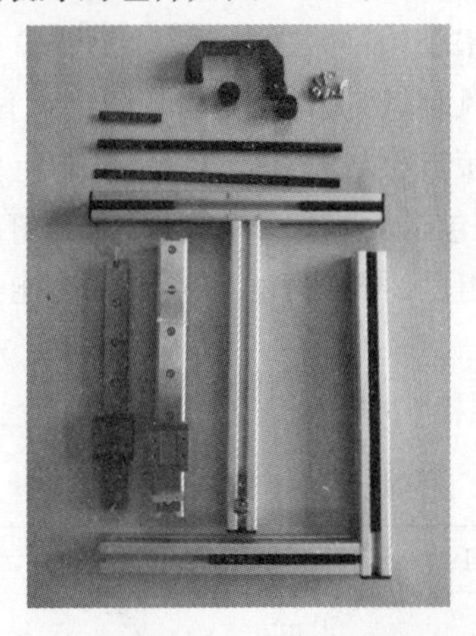

图 5-2　打印机骨架，把手及固定螺丝

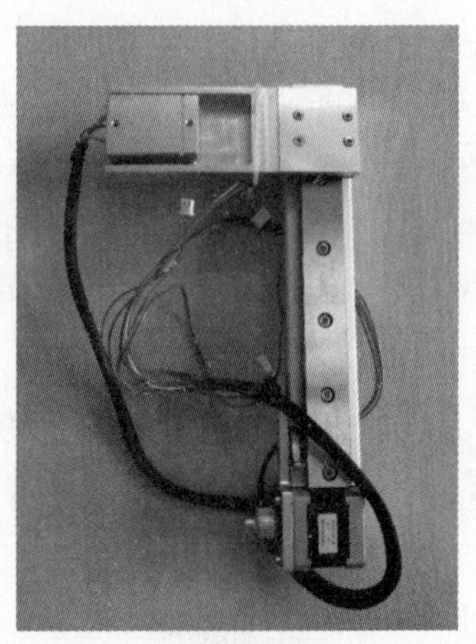

图 5-3　组装好的 X 轴部件

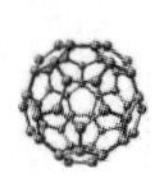

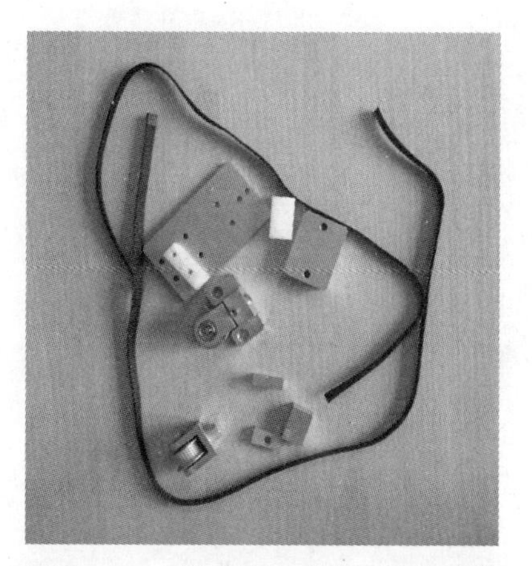

图 5-4　*X* 轴的同步轮和两条传动带

图 5-5　挤出机及排线

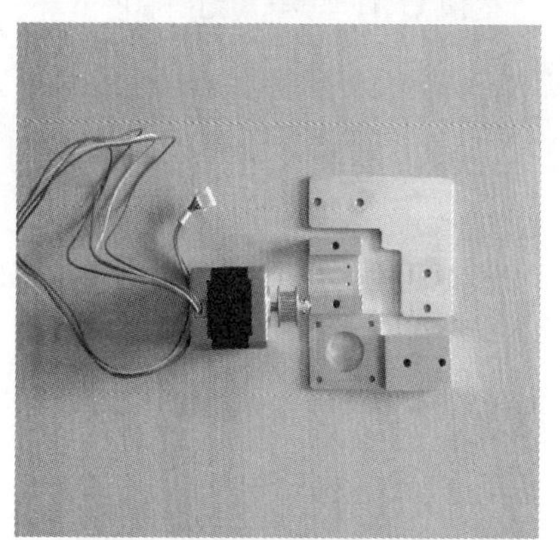

图 5-6　*Y* 轴步进电机及电机固定件

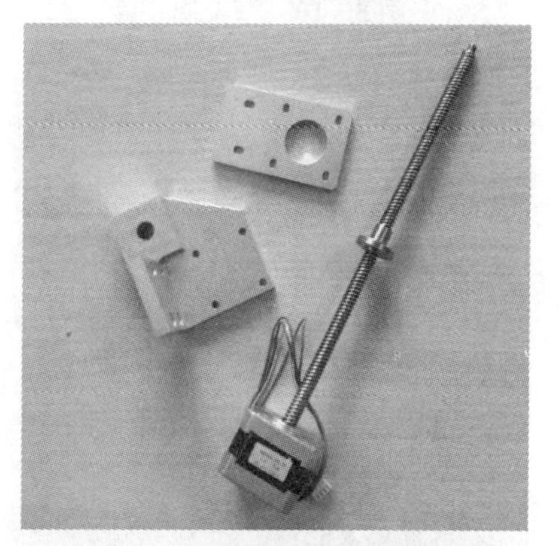

图 5-7　*Z* 轴步进电机及电机固定件

图 5-8　主控板及控制盒底座

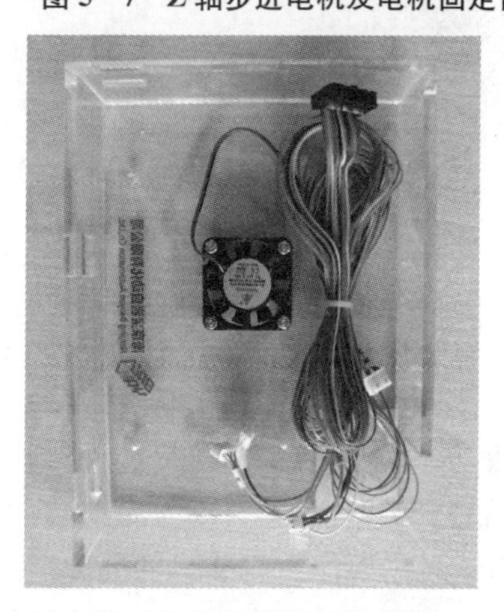

图 5-9　风扇及控制盒外盖

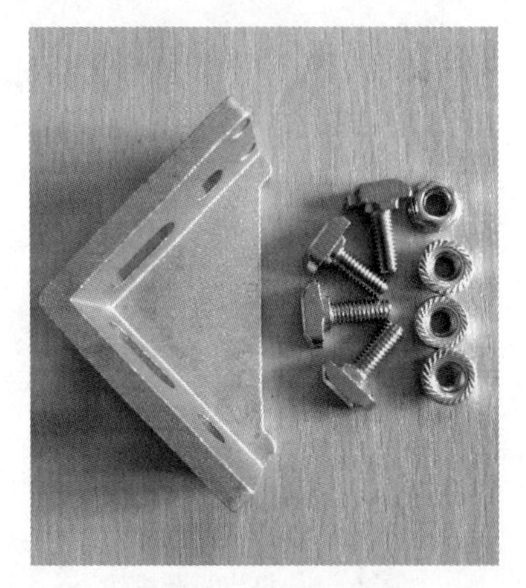

图 5－10　框架固定件

图 5－11　导热板和洞洞板

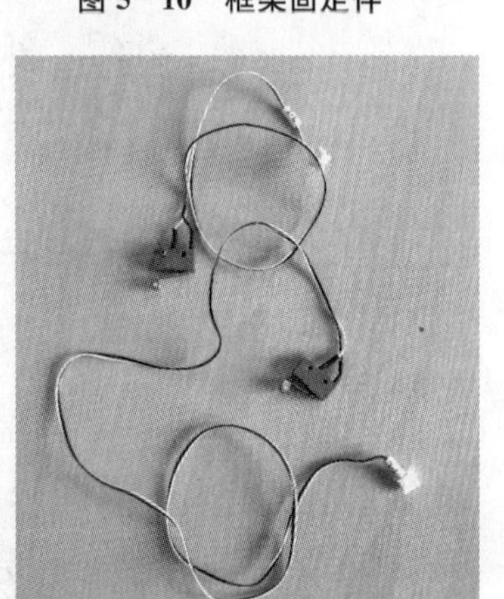

图 5－12　限位开关

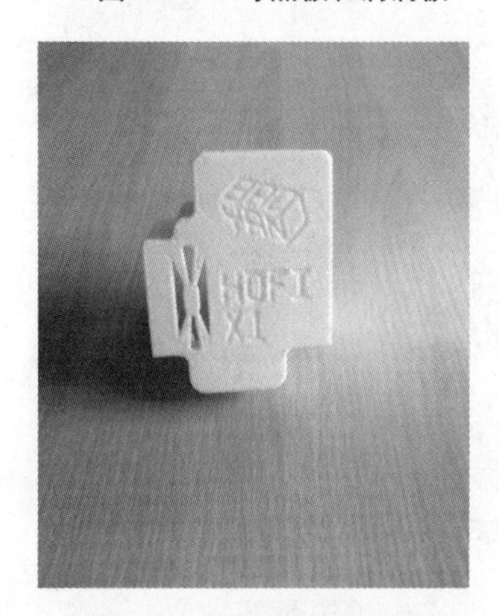

图 5－13　挤出机保护壳

5.1.2　组装步骤

总的来说，HOFI X1 依旧采用了国人较为喜爱的“龙门架”式结构，以合金框架为支撑，整机的外观十分紧凑、和谐；其电气连线几乎都隐藏于框架内的凹槽内，这也使得打印机整体外观比较简洁、大气；元器件的安装位置也经过精心设计，尽可能地避免了组装过程对打印机硬件的损伤。相对于市场上的其他开源 3D 打印机而言，HOFI X1 组装过程比较简单，相对应的组装要求也比较低，但组装时需要注意安装组件的先后顺序和电气线路的布局，以避免不必要的麻烦。下面我们一起来学习下 HOFI X1 的组装步骤。

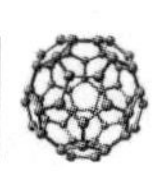

1. 组装 X 轴

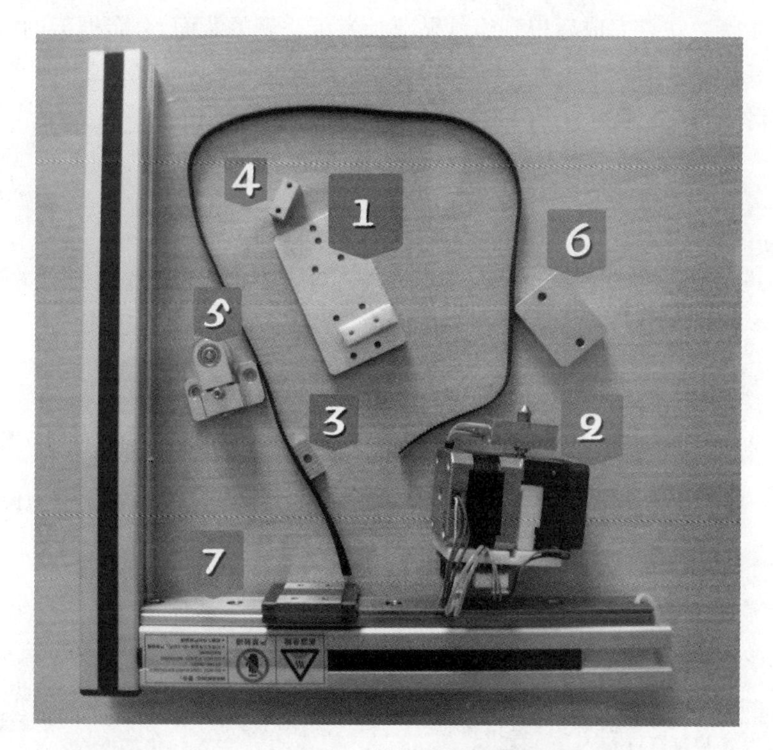

图 5-14　组装 X 轴部分需要的零部件

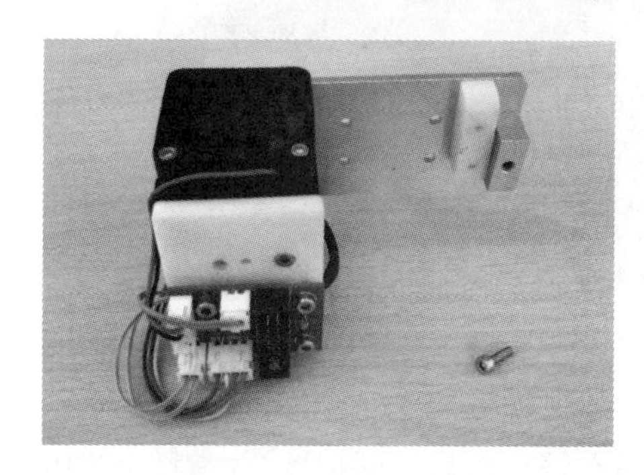

图 5-15　组装步骤 1

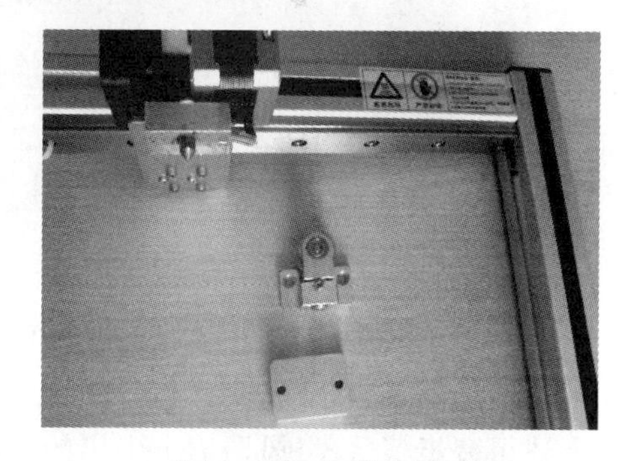

图 5-16　组装步骤 2

如图 5-15 所示，取 X 轴固定铁板 1 与初步完成组装的挤出机部件 2 安装在一起，之后将三角带固定件 3 与 4 固定在固定铁板 1 上，完成组装步骤 1。

如图 5-16 所示，将上述步骤安装完成得到的组件安装在 X 轴导轨 7 上，完成组装步骤 2。

如图 5－17 所示，取 X 轴三角带同步导轮 5 和对应的固定铁块 6，将其固定在组装步骤 2 安装完成后得到组件贴有标签纸一侧的背面，合金框架的凹槽内，完成组装步骤 3。值得注意的是，三角带固定件 4 不要固定得太紧，如图 5－18 所示，方便后续步骤的组装。

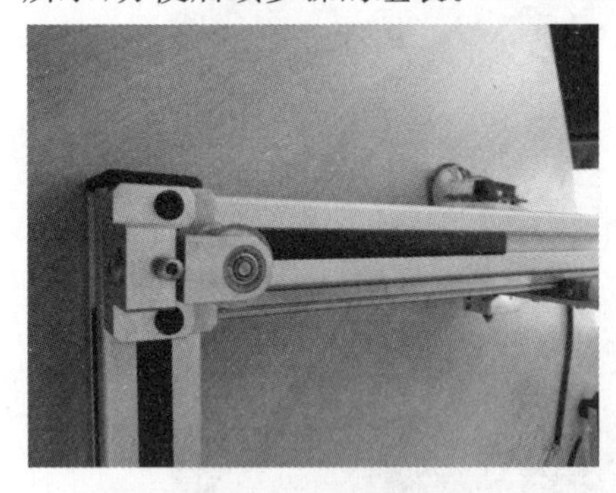

图 5－17　组装步骤 3

图 5－18　组装效果示意图

图 5－19　组装步骤 4 的布线示意图

HOFI X1 的整体外观的整洁与它有序的线路布局是密不可分的，从这一步开始到整个组装过程的结束，我们都将重点谈论 HOFI X1 的布线问题。在完成上述组装步骤后，将风扇盖上引出的排线插在挤出机对应的位置，并按图 5－19 所示布线。为了使导线更加有序，方便整理，在图示的组装过程中笔者使用电胶带将导线进行了整理，这样做使得后续的组装更加方便有序。

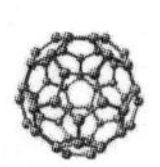

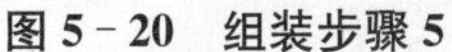

图 5-20　组装步骤 5

图 5-21　组装步骤 6

接着安装机脚，如图 5-20 所示，以便保证打印机底座的平稳。在完成组装步骤 4 后，需要将完成一半的 X 轴站立起，如图 5-21 所示，方便后续组装。

图 5-22　组装步骤中的散件

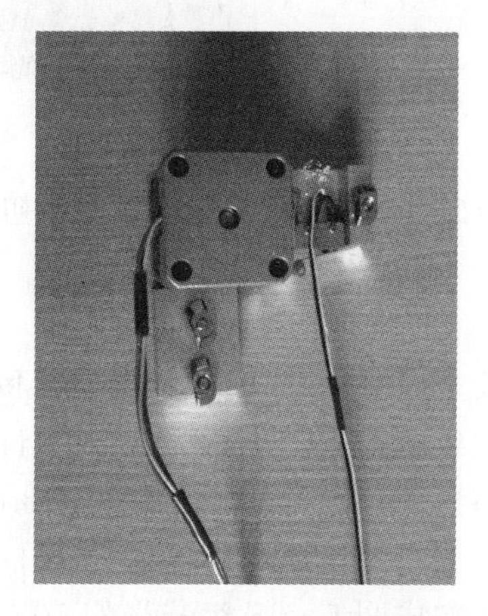

图 5-23　组装步骤的完成示意图

组装步骤 7 是组装 X 轴电机、固定件和限位开关，组装完成后如图 5-23 所示，这一步需要注意的是步进电机以及限位开关的方向。将组装步骤 7 得到的组件按照图5-24所示位置固定在立起的 X 轴框架上，并将 X 轴一端的 T 型螺母固定。之后将对应的三角带组装好，拧紧固定即可，具体调节松紧的办法我们将在后文提到。

图 5-24　组装步骤 8

至此，第一步的 X 轴组装已经初步完成了，检查确认没有组装错误之后，就可以继续下一步的组装。

2. 组装 Z 轴和 Y 轴

商家提供的 HOFI X1 的 Z 轴和 Y 轴相关组件，除了较为复杂的核心部件已完成组装外，其他部分都是以散件的形式提供给用户的，在组装 Y 轴之前，要先将散件和已有部分组装好。如图 5-25 所示，先将限位开关安装在 Z 轴导轨的底端，再将导轨和铝制金属框架固定在一起，如图 5-26 所示。

在完成图 5-26 组装步骤 10 后，将得到的组件放置一边备用。按照图 5-27所示，将 X 轴与平台的承重铁块组装在一起，后将三角带组装在对应位置。安装三角带的过程需要一定的技巧，市场上常见的开源 3D 打印机多使用自锁弹簧，如图 5-28 所示，用来解决三角带无法拉紧的问题，但使用自锁弹簧后三角带容易过紧，并增加了三角带的负重，易影响打印过程的顺利进行。

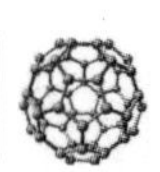

图 5－25　组装步骤 9

图 5－26　组装步骤 10

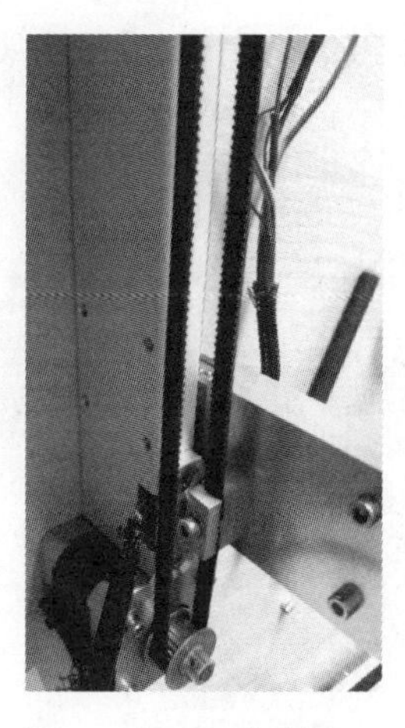

图 5－27　组装步骤 11

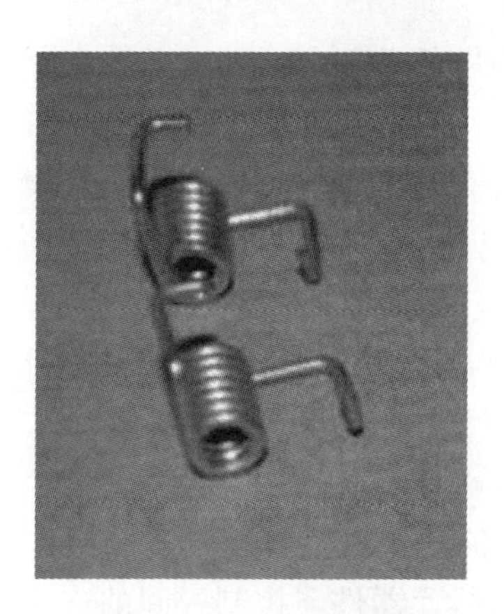

图 5－28　自锁弹簧

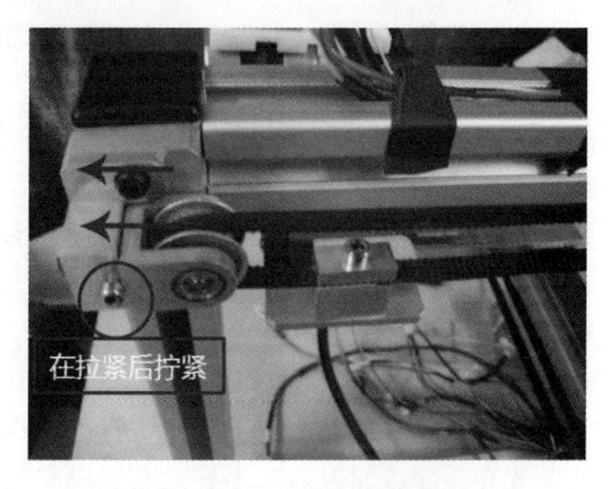

图 5－29　三角带安装技巧

HOFI X1 舍弃了自锁弹簧的设计，改用可以前后调节的三角带导轮，如图 5－29所示，在初步完成安装后，只需要将三角带导轮朝着反方向拉紧后拧紧螺母即可达到预期的效果。

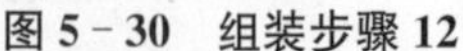
图5-30　组装步骤12

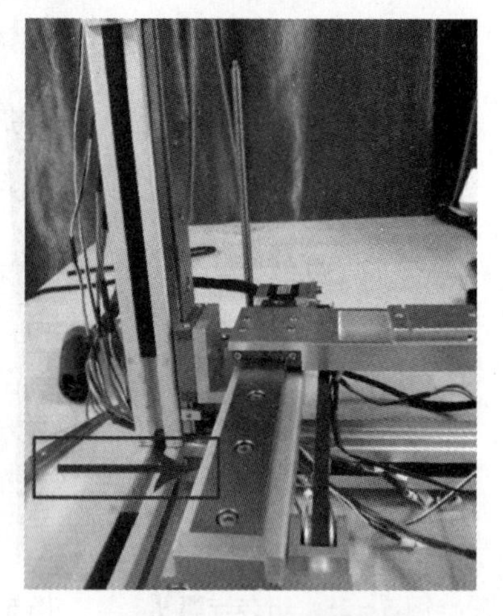

图5-31　组装步骤13

将安装好 Z 轴导轨(组装步骤9)和 X 轴承重铁(组装步骤10)的 Z 轴支撑骨架与 X 轴骨架安装在一起,如图5-30所示。这一步需要注意已有导线的布线,Z 轴支撑骨架暂时不要和底座拧得过紧(保证 Z 轴骨架站立即可),方便后续平台的导线的走线。之后进行组装步骤13,即将已组装好 Y 轴与组装步骤10得到的 Z 轴相连,这一步的关键在于引出导线的布局,如图5-31箭头方向所示,至此,打印机 Z 轴与 Y 轴的组装就完成了,下一部分,我们将介绍HOFI X1控制板的组装与连线。

3. 控制板的连线与组装

如图5-33组装步骤14所示,我们需要将电气箱的底座和打印机框架的底座紧固在一起。如果前几步导线布线没有出现问题,元器件与控制板间的连线将会变得十分简单。在此之前,建议用户购买胶带或者扎带,将凌乱的线路进行整理后再连线,这样能提高组装效率,节约不少时间。在确认插线正确后组装好电气箱的风扇盖,方便后续的硬件调试。

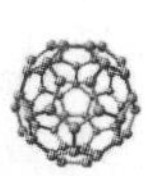

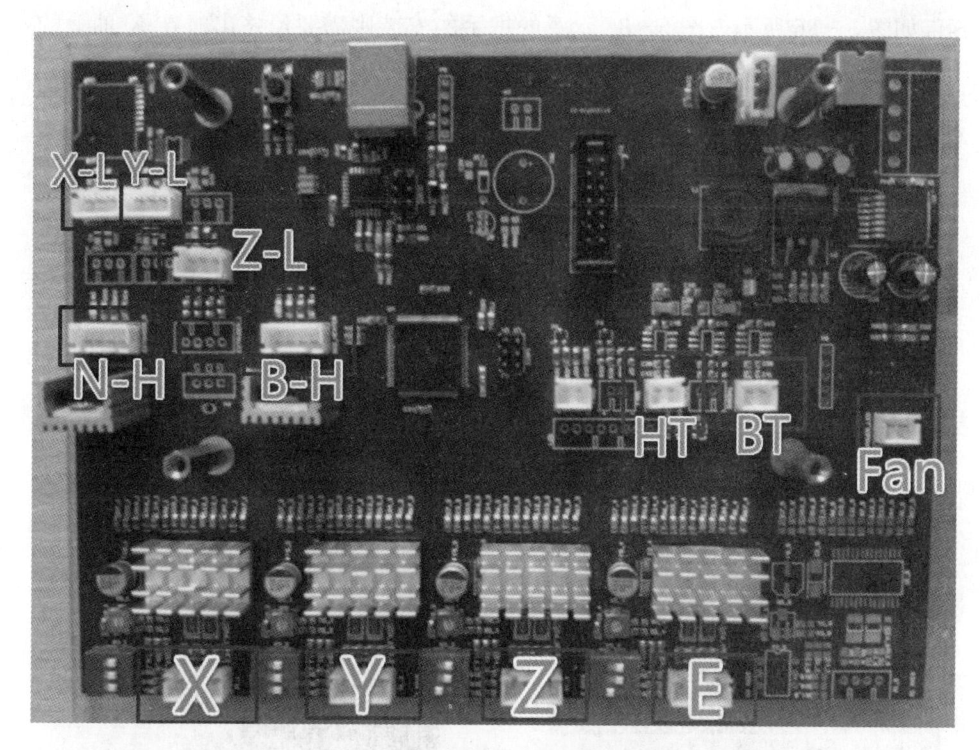

图 5－32　HOFI X1 L 连线示意图

图 5－33　组装步骤 14

图 5－34　组装步骤 15

4. 安装平台以及其他附件

在完成上述步骤后，HOFI X1 的整体框架和各个组件基本上都被安装在了对应的位置，接下来的步骤便是安装平台、把手和进行收尾工作。

图 5－35 演示的是平台导热铝板的安装，在此之后将洞洞板用架子固定即

可，如图 5 - 36 所示。图 5 - 37 示意的把手的安装则需要给挤出机在 X 轴上的滑动留出足够的空间，最好安装在最左端。在此之后，安装丝料盘的支撑器件和引导丝料的丝料孔，再用黑色胶条把铝制支撑框架内的凹槽卡住即可。安装完成之后，检查打印机的各处螺丝是否紧固，步进电机是否能够顺畅转动，根据实际情况对打印机各处进行微调。至此，打印机的硬件组装就已经完成了，如图 5 - 38所示。

硬件组装完成之后，按照本书第二章的内容安装硬件驱动和上位机软件，此处不再赘述。值得一提的是，宝岩公司为其打印机重新开发了上位机软件来提升用户使用过程中的体验，这款软件和 Repetier-Host 有着很多相似的地方，并在其基础上进行了改进。下面内容将简单介绍这款上位机软件的一些基本功能，方便大家的后续使用。

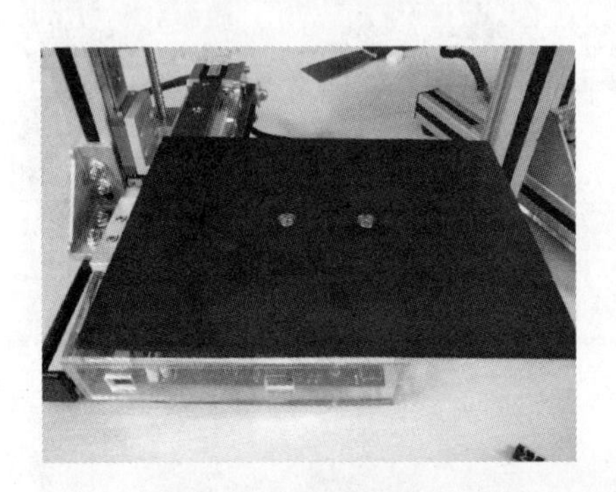

图 5 - 35　组装步骤 16

图 5 - 36　组装步骤 17

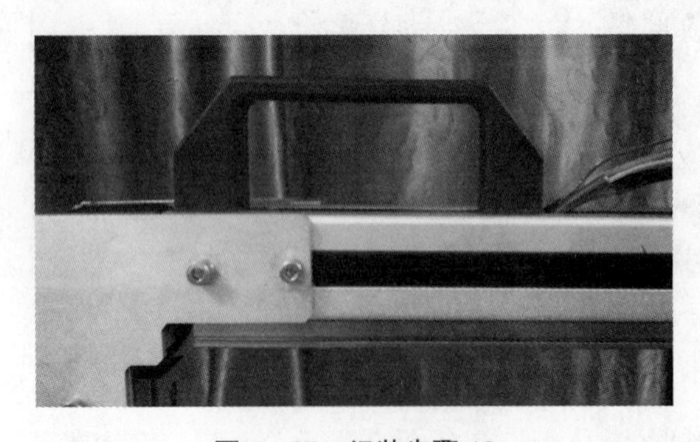

图 5 - 37　组装步骤 18

图 5 - 38　组装完成

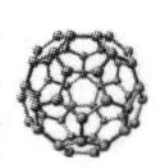

5.2　软件功能介绍

双击打开 3D Printing Software 控制软件，将会出现软件的主界面，主界面如图 5－39 所示，可以分为菜单区、控制选项、工具栏、预览选项和模型显示 5 个部分。

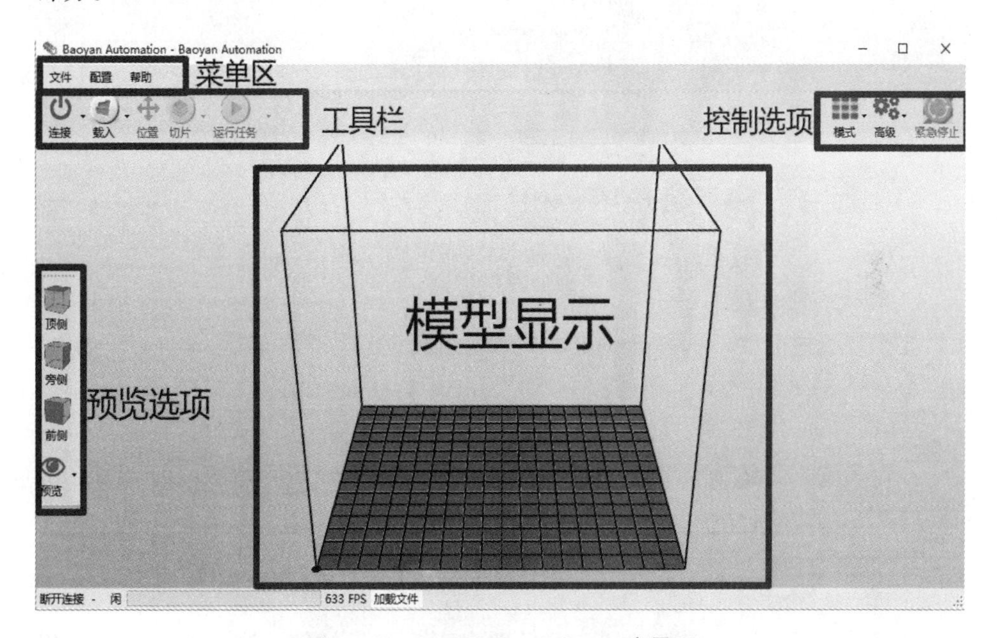

图 5－39　3D Printing Software 主界面

1. 文件的读取

菜单区中"文件"选项提供 STL 格式文件和 G-code 代码、显示工作目录和退出等功能，如图 5－40 所示。需要注意的是，如果用户在关闭软件前没有断开与打印机的连接，再次连接时会出现错误，这时用户需要注销后重新运行该软件。

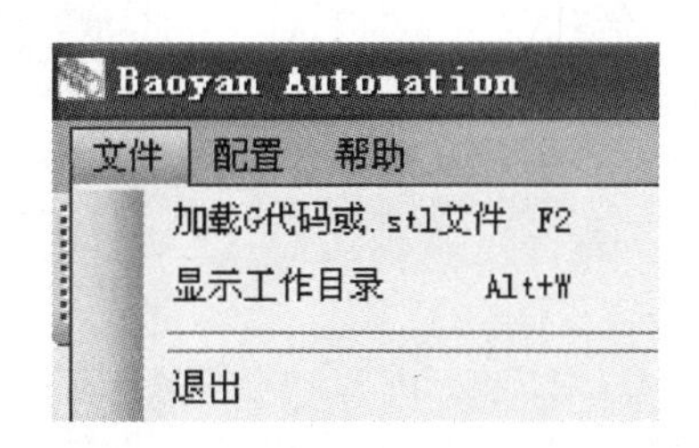

图 5－40　"文件"下拉菜单中的选项

2. 属性配置

菜单区中“配置”选项提供该软件的基本配置选项，这些配置选项包括语言、代码生成器、软件基本设置、高度测量以及级平台 5 类，如图 5 - 41 所示。

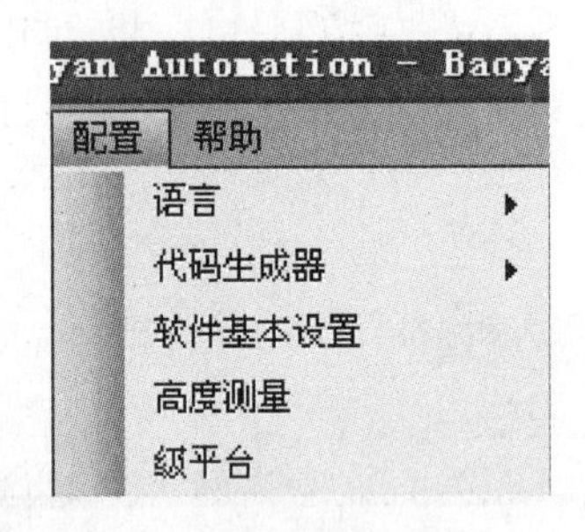

图 5 - 41　“配置”下拉菜单中的选项

(1) 语言。该软件暂时只有中、英文两种语言供用户选择。

(2) 代码生成器。该选项中代码配置功能提供内嵌切片软件 Skeinforge 的参数设置，用户可以根据自己的需要有计划地微调其包含的参数；停止代码生成功能为在内嵌切片软件工作过程中，如果用户需要停止切片可以点击此按钮。

(3) 软件基本设置。显示该软件当前的工作路径。

(4) 高度测量。用于调整打印平台与挤出头之间的距离。打印前使用该功能可以更方便地对打印机进行校准。具体工作步骤本文将在后面的内容中进行介绍。

(5) 级平台。用于调平打印机平台。当用户在使用过程中发现平台上附着的丝料粗细不一时，可以尝试使用该功能对平台进行校准。该功能的使用步骤我们将在下面的内容中进行介绍。

3. 帮助选项

“帮助”选项中提供手动模式、检查更新两项功能，如图 5 - 42 所示。点击“手动模式”将链接至网站 http://www.by3dp.com；点击“检查更新”按钮检查该软件更新的版本。

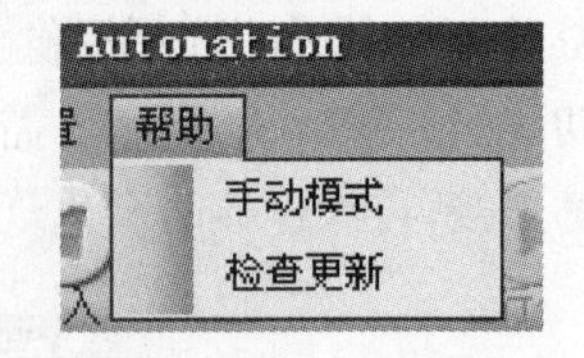

图 5 - 42　“帮助”下拉菜单中的选项

5.2.1　高度测量

3D Printing Software 为用户校准打印机平台与平台之间的距离提供了极大的便利，官方提供的使用手册里明确要求用户在第一次使用前必须进行高

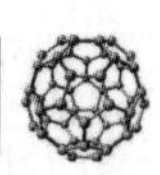

度校准，并且校准的过程中打印底板(洞洞板)必须夹在平台上。长时间运行后，打印出的第一层与平台黏接不牢时也可以进行高度测量的操作，具体步骤如下。

打开控制软件，成功连接打印机后，在“配置”按钮下选择“高度测量”，弹出界面如图 5-43 所示，界面左下角为步数显示，在阅读完弹出窗口的文字介绍后，点击“下一步”按钮。

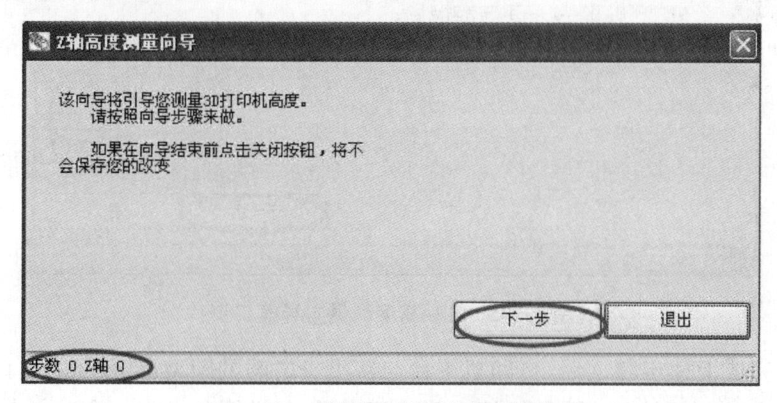

图 5-43 Z 轴高度测量向导起始界面

点击“下一步”按钮后，弹出如图 5-44 所示的窗口，打印机平台回到初始位置，等待下一步操作。

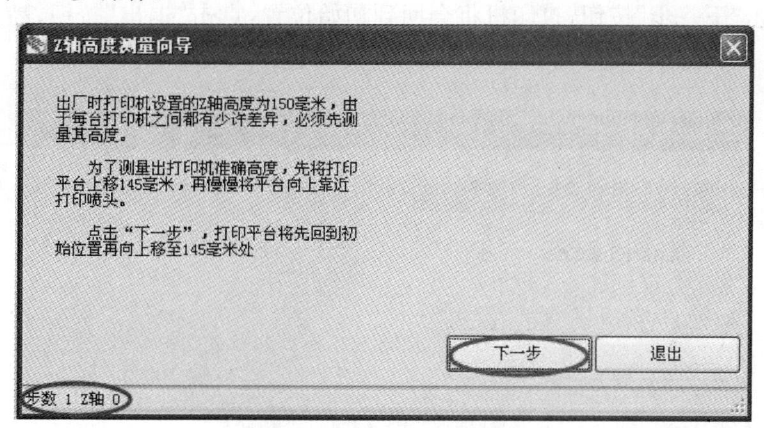

图 5-44 Z 轴高度测量向导第一步

点击“下一步”按钮，打印机平台将向上移至 145 毫米处，这个高度并没有达到 HOFI X1 可达到的最大值，所以不必担心打印机挤出头与平台相碰的危险。打印机平台到达 145 毫米的高度后会出现如图 5-45 所示界面，通过点击“向上”按钮使打印平台以每次 1 毫米的增量上升，直至打印机喷头与平台之间距离小于 1 毫米。

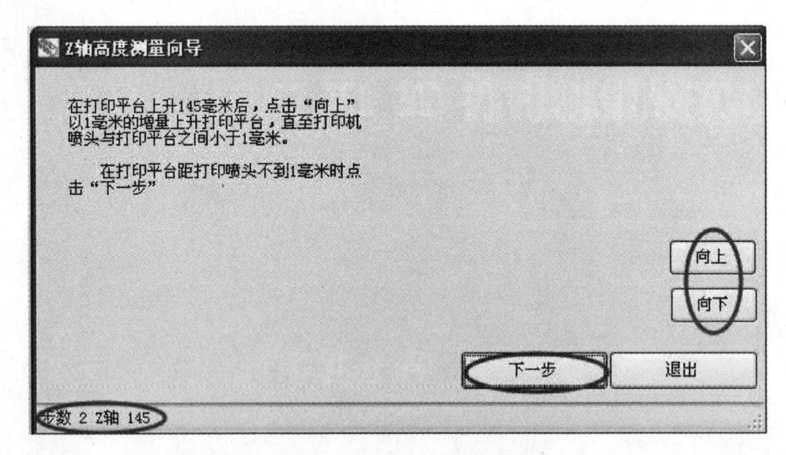

图 5－45　*Z* 轴高度测量向导第二步

在完成上述步骤之后，打印机平台与挤出头之间的距离已经足够小了，这时候再点击“向上”按钮，平台与挤出头之间将会有碰撞的危险，需要点击“下一步”，切换到使平台以 1 毫米距离上升的状态，如图 5－46 所示，调整的高度以刚好能拖动一张白纸为宜。然后点击“下一步”按钮，查看已经确定的 *Z* 轴高度，再次点击“下一步”按钮，打印机将会回到初始位置，点击“退出”按钮，高度校准结束。

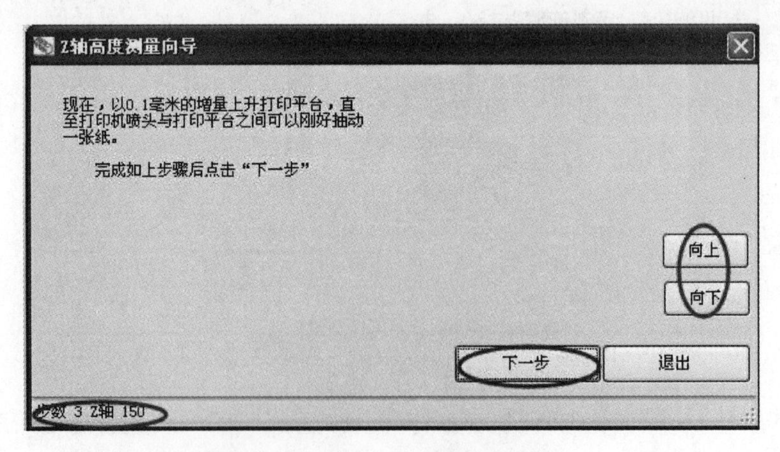

图 5－46　*Z* 轴高度测量向导第三步

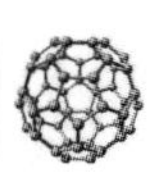

5.2.2　打印机平台校准

在完成上述高度测量之后，才可以进行打印机平台校准，用户可以通过打印机平台校准来将打印机平台调平。在“配置”按钮下选择“级平台”，弹出窗口如图5-47所示，左下角显示“150.5”(此为上次校准后打印机 Z 轴的高度，不同的打印机之间会有差别)。弹出窗口的文字的大意是请用户按照介绍步骤一步一步完成，如果提前点击“退出”按钮，打印机的平台可能无法调至水平，打印质量会严重下降。根据对平台三个点的两次测试来确定水平情况。

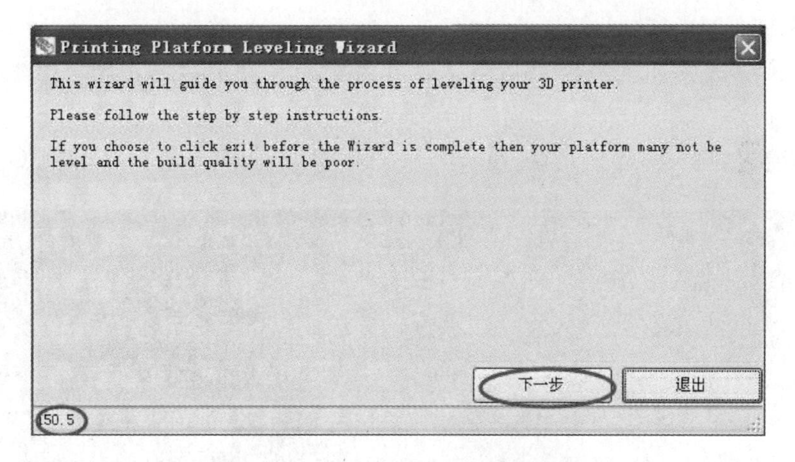

图5-47　打印机平台校准初始界面

图5-48窗口弹出文字的大意是询问用户是否已经进行了高度测量，确认已经进行了高度测量后，点击“下一步”按钮。若没有，点击“退出”按钮，重复上述高度测量的步骤，防止打印挤出头被碰坏。点击“下一步”按钮后，弹出如图5-49所示的打印机平台将会上升至 Z 轴记录的最大高度，之后点击“下一步”按钮。

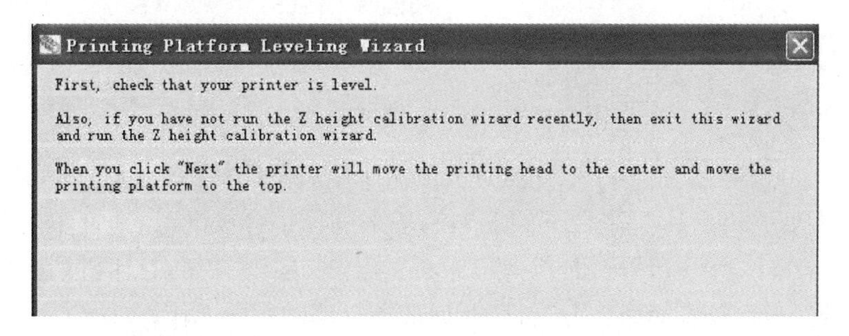

图5-48　打印机平台校准第一步

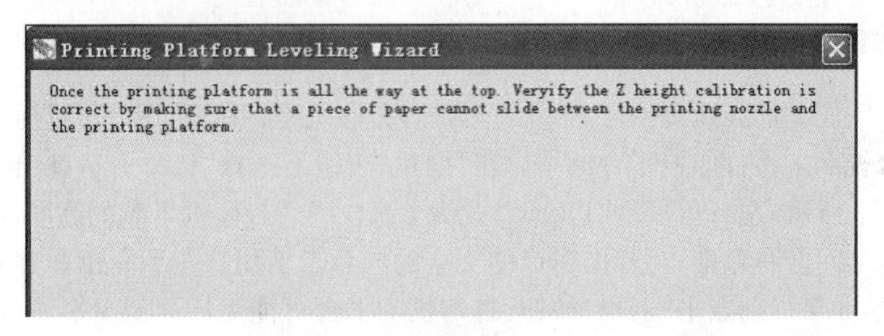

图 5-49　打印机平台校准第二步

水平向导进行到步数 3 时，如图 5-50 所示，喷头移动到打印底板的 A 点，点击“下一步”按钮到步数 4，喷头移动到 B 点。点击“下一步”按钮到步数 5，喷头移动到 C 点。点击“下一步”按钮到步数 6，喷头移动到 A 点。点击“下一步”按钮到步数 7，喷头移动到 B 点。点击“下一步”按钮到步数 8，喷头移动到 C 点。

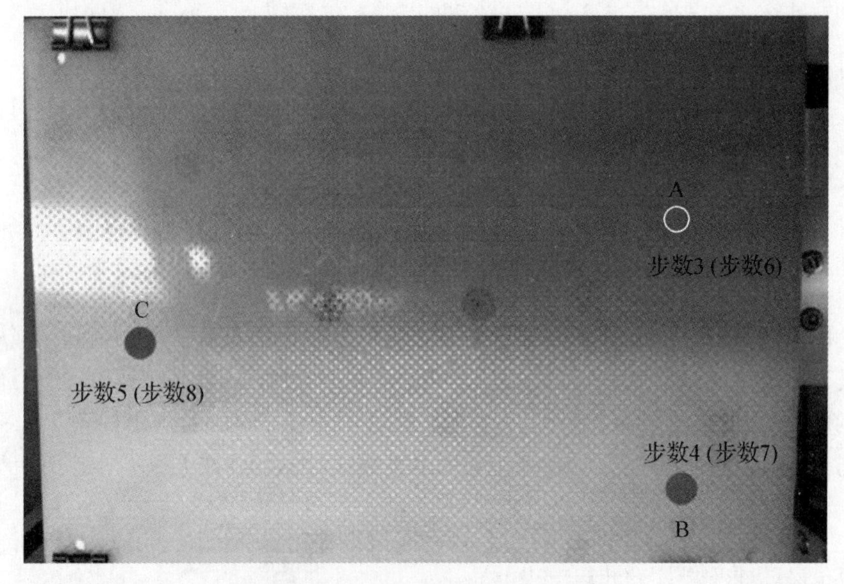

图 5-50　打印机平台校准示意图

用户可以通过对 A、B、C 三点进行测量来了解打印机平台的水平程度，并通过调节图 5-50 打印机平台下的三颗螺丝来进行平台校准，直到打印机平台水平。之后点击“下一步”按钮，在弹出界面里点击“退出”按钮，打印机平台将稍微向下回退，平台校准结束，用户可以开始准备打印的相关工作。

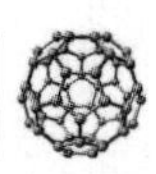

5.2.3 模型预览及位置调整

在模型显示区域左侧即可找到预览选项。在预览选项中,用户可以找到打印模型视图的顶侧视图、旁侧视图、前侧视图和预览视图等功能。

(1) 顶侧视图是以俯视角度观察模型。

(2) 旁侧视图是以右视角度观察模型。

(3) 前侧视图是以正视角度观察模型。

(4) 预览视图其中包含旋转、缩放、透视等功能,用户也可以通过按住鼠标左键来实现对模型显示区域的旋转、缩放、透视等功能。点击该选项子目录中“重新设置”即可恢复到默认位置,如图 5 - 51 所示。

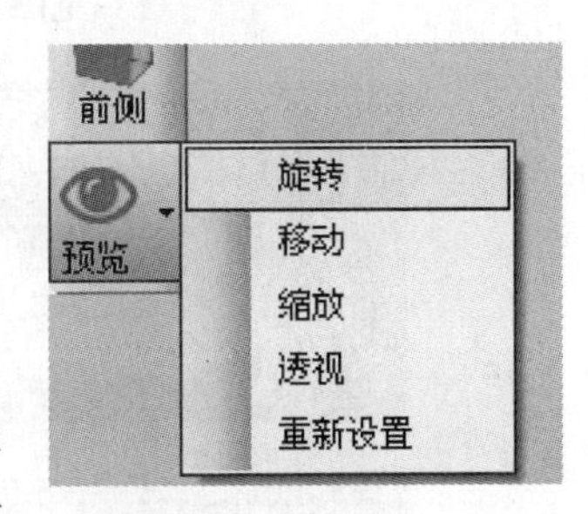

图 5 - 51 预览视图选项

模型载入后模型文件的显示区将会显示用户导入的模型名称,即打印任务文件名称,如果想取消该模型的打印任务,可以在对应模型名称上点击右键来删除任务,如图 5 - 52 所示。若打印机已经执行打印任务,用户可以在打印状态显示区看到上位机与打印机的连接情况,以及当前时刻打印机打印平台、挤出头的温度、下位机的指令执行情况,如图 5 - 53 所示。

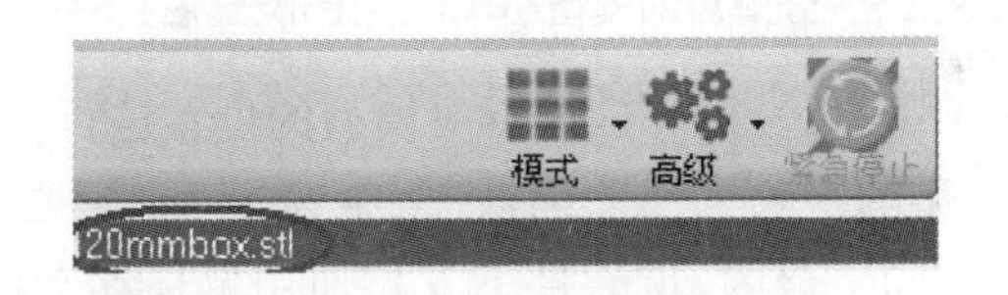

图 5 - 52 模型文件显示区

图 5 - 53 打印状态显示区

模型预览的一个重要目的是观察该模型是否能满足打印的基本要求,这些基本的要求包括模型是否为水密型,模型的长、宽、高是否满足要求,模型是否需要分解打印。如图 5 - 54 所示,该图中的模型小车底层与中间层之间有较大的空隙,打印难度较大,需要将其分解为图 5 - 55 所示的上下两部分来打印。

图 5 - 54　打印难度较大的模型小车

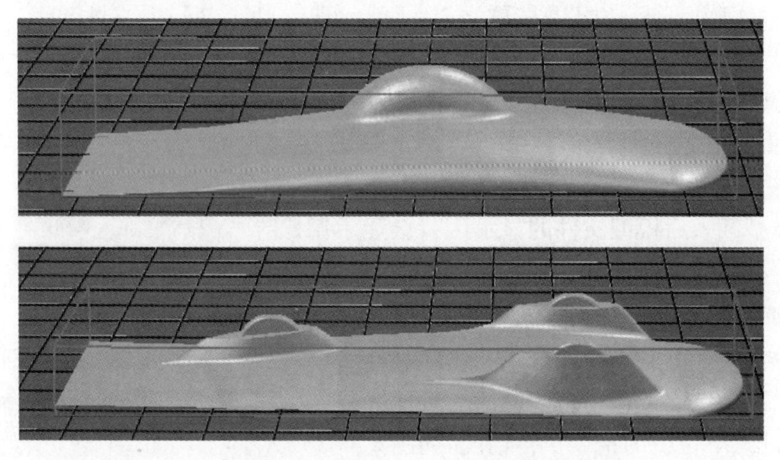

图 5 - 55　分解后的模型小车(左:上部分,右:下部分)

在载入模型并预览之后,用户也可以对模型的位置进行调整,如图 5 - 56 所示,这些调整包括模型的平移、旋转、缩放、复制物体等。需要说明的是,为了确保模型在打印机的打印平台内,该软件不支持使用鼠标移动模型文件。之后点击“切片”按钮,勾选复选框即可在切片完成后自动打印。

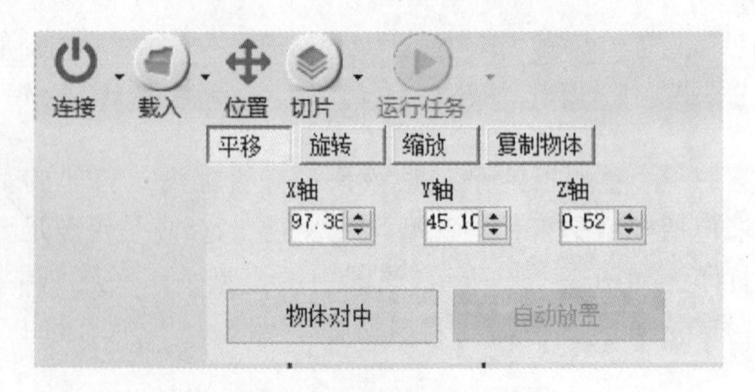

图 5 - 56　模型位置的调整

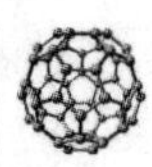

5.2.4　打印控制

1. 打印机的连接

3D Printing Software 给宝岩公司生产的打印机通信部分做了优化，用户可以避开烦琐的打印机设置步骤，在硬件已连接的前提下直接点击 连接 按钮即可，连接成功后将显示 断开，点击“连接”右侧的倒小三角即可选择数据端口号。

2. 运行任务

当用户成功导入 STL 文件并且生成 G-code 代码后，点击“运行任务”按钮，3D 打印机将进行复位、切片、加热挤出头、打印平台等一系列操作，与此同时“运行任务”按钮将变成“暂停”。预打印工作全部完成之后开始打印，若此时点击“暂停”按钮，将会弹出图 5-57 所示的窗口，打印机在完成当前最后一条指令后停止。如果用户在打印过程中遇到不可控的紧急情况，建议点击控制选项中的按钮以快速停止所有任务。

3. 模式

模型控制选项提供加载文件、编辑 STL 文件、G 代码可视化和现场打印可视化四种工作模式，如图 5-57 所示。

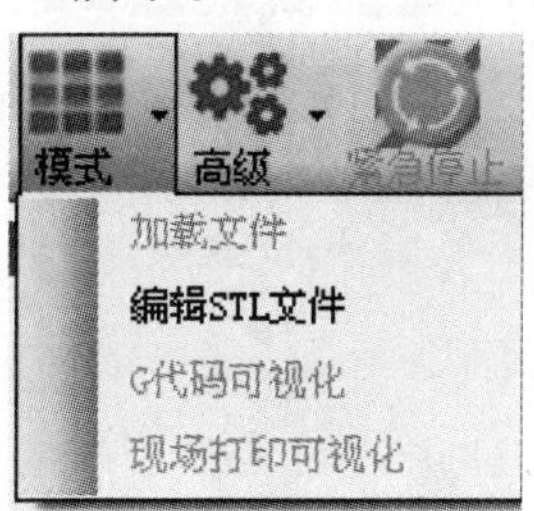

图 5-57　“模式”下拉菜单

(1) 加载文件模式：将已完成切片工作的模型显示区切换到未进行切片的模型显示区。

(2) 编辑 STL 文件模式：对 STL 文件进行平移、旋转、缩放和复制等操作。

(3) G 代码可视化模式：将模型显示区切换到已完成切片的模型显示区。

(4) 现场打印可视化模式：实时记录打印机打印模型的运行路线。

4. 高级

高级选项提供保存 G 代码文件、保存 STL 文件、手动控制和 SD 卡管理器，如图5－58所示。

(1) 保存 G 代码文件：保存切片生成的 G 代码文件。

(2) 保存 STL 文件：保存导入的 STL 文件。

(3) 手动控制：3D 打印机处于连接状态，对喷头以手动方式进行简单移动测试。这个功能我们将在后文进行详细介绍。

(4) SD 卡管理器：预留功能，暂时无法使用。

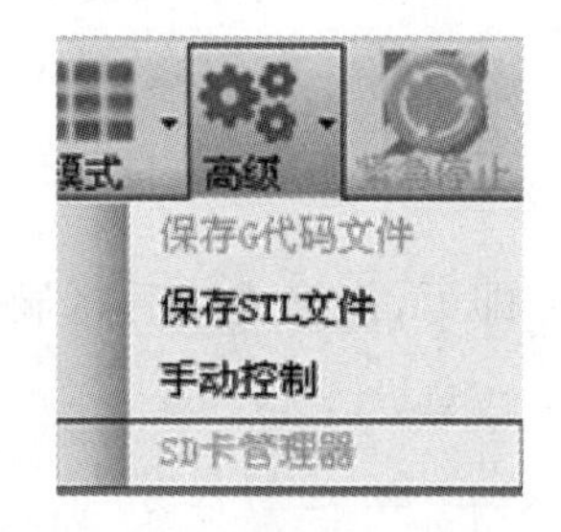

图 5－58 "高级"下拉菜单

手动控制模式可供新机器开箱后对挤出头进行简单的移动测试和首次打印前将丝料送入挤出头时使用。打印机与电脑连接上之后，上位机软件与打印机控制板会进行简单确认通信，手动控制信息显示窗口会出现 5 命令等待 提示，当出现 闲 提示后，才能进行手动控制，否则上位机软件将会出现长时间的命令等待。等待过程中用户重复添加的指令将会被积累，在等待完成后电脑会依次执行。

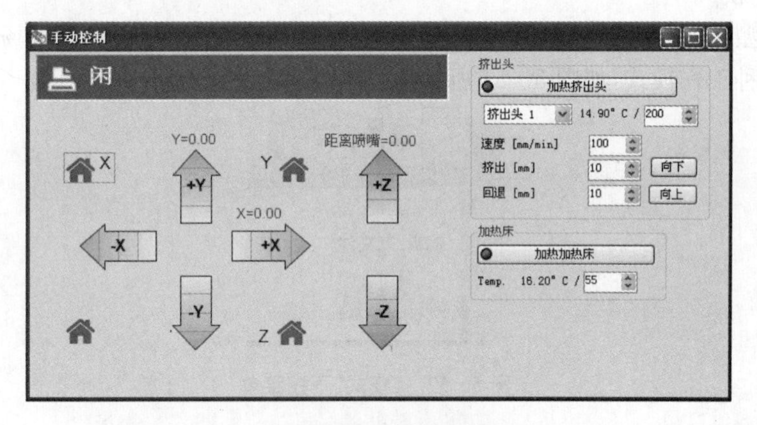

图 5－59 手动控制窗

"手动控制"界面中的 X 轴对应挤出头的左右两个方位，Y 轴对应挤出头的前后两个方位，Z 轴对应挤出头的上下两个方位。X 轴和 Y 轴箭头分为 4 个区，以 4 个区右向箭头 +X 为例，分别可移动挤出头的单位为0.1 mm、1 mm、10 mm和 100 mm；Z 轴箭头区域被分为 3 个区，点击后分别可移动挤出头的单

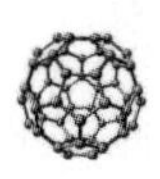

位为 0.1 mm、1 mm、10 mm。点击按钮，X，Y，Z 轴依次回到原点位置，每次连接打印机后，手动控制前需要点击该按钮将各轴复位。

5.3　安装耗材与测试

用户第一次使用打印机时需要先给挤出头送丝再加热，在更换新的丝料时，需要先将挤出头内剩余的丝料融化挤出。操作步骤如下。

(1) 将挤出头保护套安装在正确位置，送丝孔的位置位于喷头的上方，从上往下看喷头，如图 5－60 所示。

图 5－60　送丝孔的位置

(2) 把耗材丝剪个斜口后拉直，对准送丝孔后将丝向下送，直到送不进为止。这时丝料并没有进入挤出头内，不能太过用力。

图 5－61　送入耗材丝

(3) 在“手动控制”选项中找到挤出头的温度与挤丝、退丝参数，如图 5－62 所示，点击“加热挤出头”按钮，加热挤出头。若用户使用 ABS 材料则需要将温度升高到 230℃，若使用 PLA 材料则需要升高到 185℃。

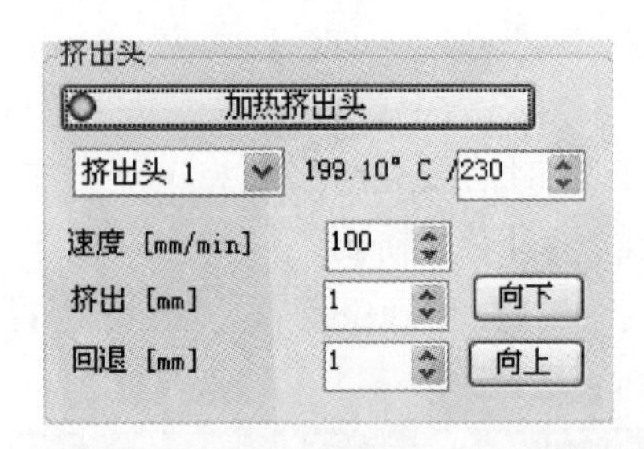

图 5－62　手动控制选项中温度与挤丝、退丝参数

(4) 温度达到设定温度后，点击“向下”按钮开始向下挤丝，同时手轻捏着耗材丝会感到丝材向下移动，直至看见细丝从喷头处被挤出。

在保证丝料已进入挤出头，并且能正常出丝的前提下，用户可以打印简单的模型以测试打印机的性能，具体步骤如下。

第一步，双击打开桌面控制软件，显示用户集成界面。

第二步，通过 USB 线连接计算机与 3D 打印机后，连接电源适配器给打印机供电。

第三步，选好端口点击“连接”按钮。

第四步，点击“载入”按钮，载入客户所要打印的 STL 格式的模型。

第五步，点击“位置”按钮，在选中“平移”按钮后，点击“物体对中”。

第六步，点击“切片”按钮，出现如图 5－63 所示界面，表示模型正在进行切片。在默认颜色设置情况下，切片完成后模型颜色变成深蓝色。

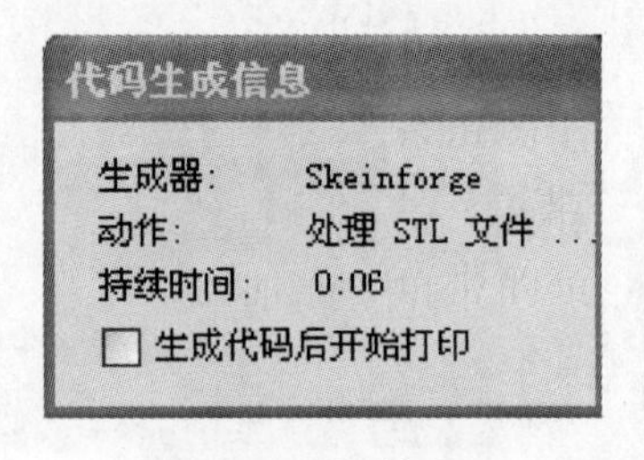

图 5－63　切片界面

第七步，点击“运行任务”按钮，等打印机喷头、底板温度加热到设置温度后，打印机开始打印。

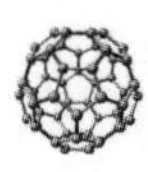

第八步，模型打印好后，等挤出头和打印平台冷却下来，将模型连同打印底板一起取下，如图 5－64 所示。

图 5－64　将打印底板与模型一同取下

第九步，手握铲刀(铲刀首次使用需要开封)，将刀口放在模型与打印底板之间，用力慢慢铲动，来回撬松模型，直至取下模型。至此打印机的测试工作就完成了。

思考题

1. 结合 HOFI X1 3D 打印机的组装过程，谈谈你的体会。

2. 请你查阅资料，谈谈 HOFI X1 3D 打印机与其他 3D 打印机相比有哪些优点和不足。

3. 查阅资料，谈谈你认为 HOFI X 系列 3D 打印机未来的发展方向是怎么样的。

4. 请查阅相关资料，对比国内厂商所生产的桌面 3D 打印机的特点，谈谈你的看法。

5. 请你查阅资料，针对 HOFI X 系列为什么能在国内桌面级 3D 打印机中获得较高的知名度，谈谈你的认识。

第六章　3D 打印模型网站与软件建模

6.1　3D 打印模型网站

在打印机组装调试完成之后，用户一定想迫不及待地打印出一些有趣的作品吧，毕竟可以拿到手里把玩的模型是 3D 打印带给大家的乐趣之一。现在网络论坛中有许多有趣并且免费的模型，用户可以很轻松地在这些网站中挑选到自己喜欢的模型。下面我们将介绍一些 3D 打印模型分享网站，给大家在查找模型过程中提供参考。

6.1.1　Thingiverse

Thingiverse 模型分享网站是世界上最大的模型分享网站，目前已有编号记录的模型文件达 60 万个。该网站由 3D 打印机制造商 Makerbot 公司创建，在 Makerbot 公司被收购后，并入 Stratasys 旗下。

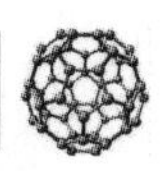

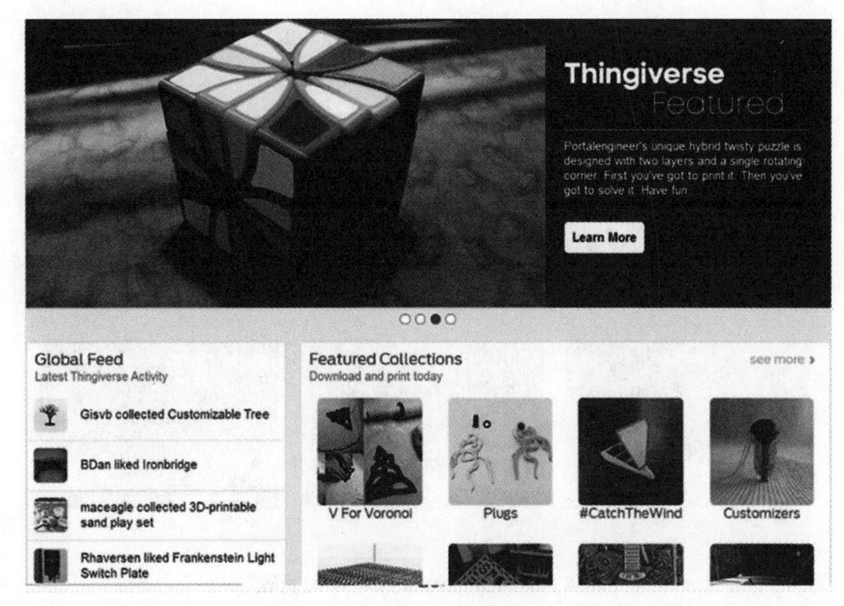

图 6－1　Thingiverse 网站主页①

6.1.2　Youmagine

与 Thingiverse 模型网站相比，虽然 Youmagine 模型网站所拥有的模型数量少多了，但是网站的风格更加简洁，适合新手使用。另外值得一提的是，该网站由全球另一大 3D 打印机制造商 Ultimaker 公司出品，该公司一直坚持开源精神，并且出品了 Cura 这款为人们所熟知的切片软件。

① 　Thingiverse 网站的主页网址为 http://www.thingiverse.com/

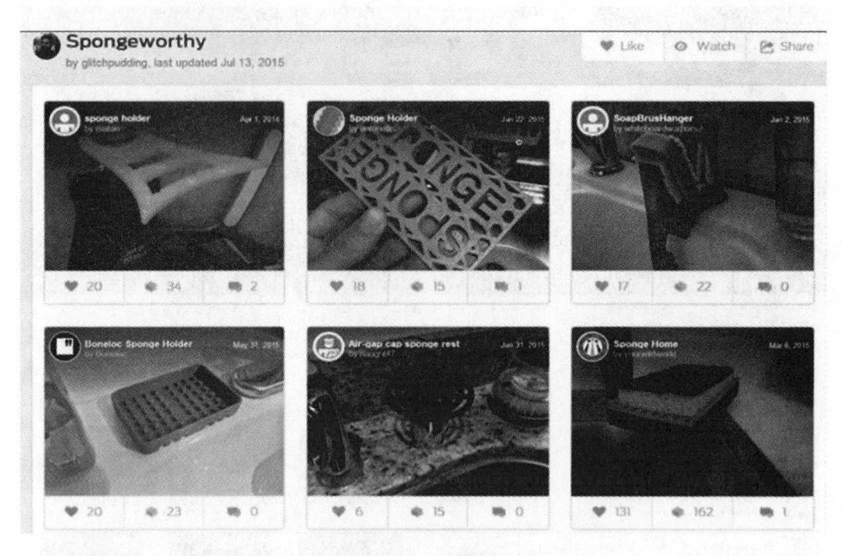

图 6－2　Thingiverse 模型下载页面

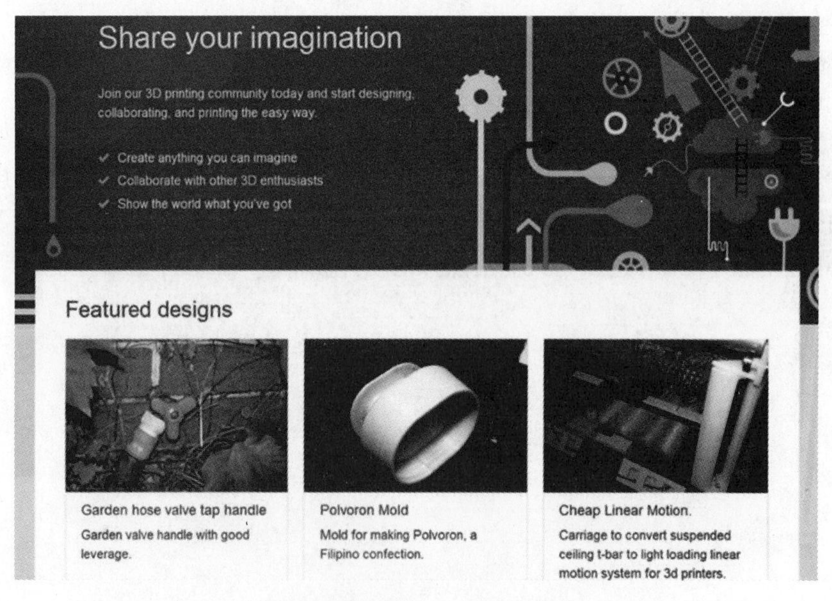

图 6－3　Youmagine 网站主页[①]

① Youmagine 网站的主页网址为 https://www.youmagine.com/

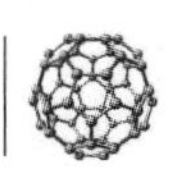

图 6-4　模型下载页面

6.1.3　Myminifactory

相比之下，Myminifactory 模型网站的界面以灰白为主色调，显得很有格调。Myminifactory 除了提供免费模型以外，用户也可以通过该网站从他人手中购买模型。

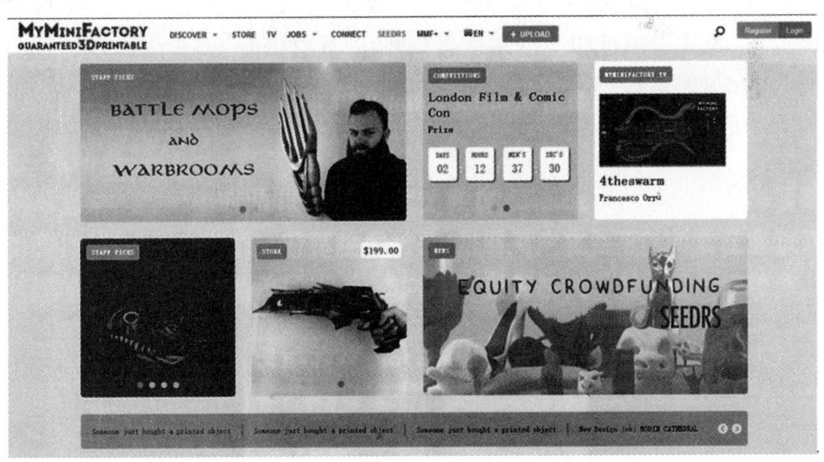

图 6-5　Myminifactory 主页页面①

① Myminifactory 网站的主页网址为 https://www.myminifactory.com/

图 6-6　Myminifactory 付费模型购买页面

6.1.4　打印虎

笔者在编写这本书时浏览过许多 3D 打印相关网站，目前还没有发现特别好的模型分享网站。同时笔者发现，这一类网站中大多夹杂了碍眼的广告，浏览起来很不方便，并且此类网站大多需要充值会员或者积分才能下载，无法进行 3D 模型文件的共享。打印虎网站适合想了解 3D 打印的初学者和刚入手 3D 打印机的 DIY(手工制作)爱好者，此外网站里有很多实用的打印机组装教程、打印教程和打印模型。美中不足的是这个网站没有提供一个 DIY(手工制作)爱好者交流的平台。

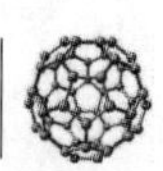

图6－7　打印虎网站主页①

图6－8　打印虎模型下载页面

① 打印虎网站的主页网址为 http://www.dayinhu.com/

6.1.5 523DP

图 6-9 523DP 模型分享网站主页①

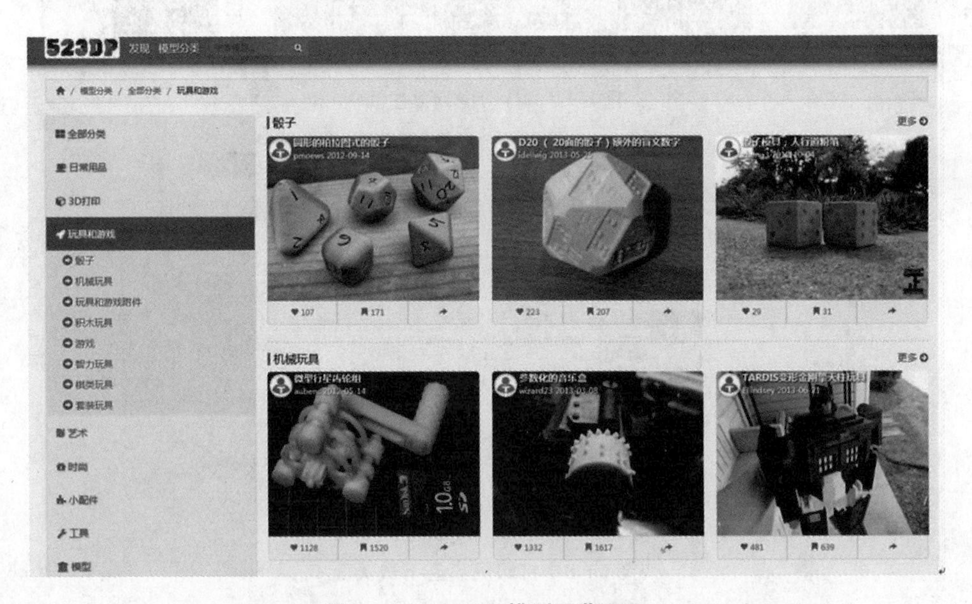

图 6-10 523DP 模型预览页面

① 523DP 网站的主页网址为 http://www.523dp.com/

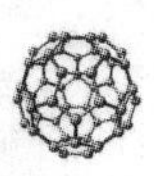

和打印虎相比，523DP 模型分享网站的页面就要华丽一些。作为一个中文的 3D 模型分享网站，523DP 中的模型种类更加齐全，分类更加细致，网页的层次结构更加清晰。该网站目前还处于建设阶段，模型文件较少，论坛模块还没有被使用，期待 523DP 以后的发展。

6.2　STL 文件模型建模

如果用户想尝试自己设计模型、自己打印模型，或者想对已有的模型进行细微的修改，这个时候就需要使用建模软件来满足要求。按照功能的侧重方向，可以将建模软件分为两类，分别为参数化建模软件（CAD 设计软件）和 CG（计算机图形学）建模软件。

6.2.1　参数化建模软件

这类软件主要根据实际需要参数化地设计模型，但对使用者的专业知识要求较高，这类常见的软件有以下几个。

1. SolidWorks

特点：功能强大，技术创新点多，组件较多。

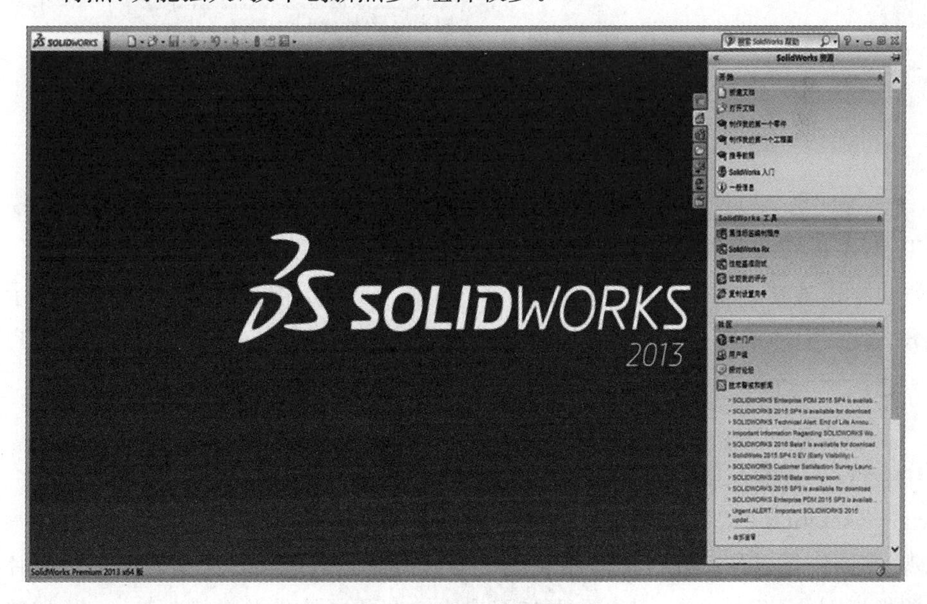

图 6－11　SolidWorks 软件

SolidWorks 是 CAD 领域领先的、主流的软件，小到一个螺丝钉模型，大到波音系列客机模型，都可以用 SolidWorks 来设计。虽然软件设计时标榜“简单易用”的目标，但是对于没有任何经验的初学者，在第一次使用时仍会一头雾水。

2. OpenSCAD

特点：真正的参数化建模软件，完全由代码生成模型，完全开源。

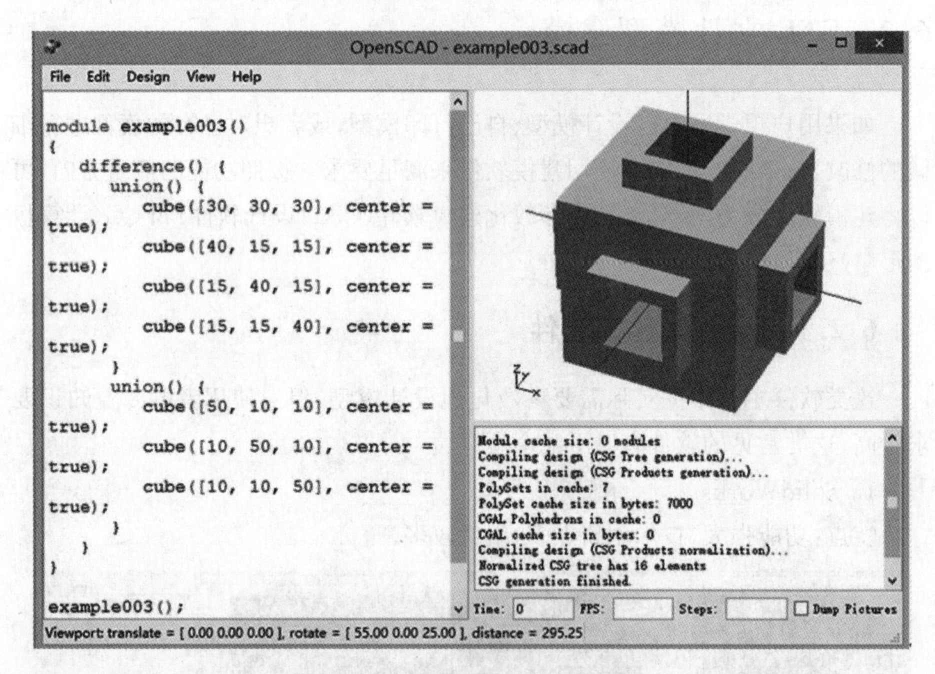

图 6-12 OpenSCAD 软件界面图

OpenSCAD 绝对是编程爱好者的福音，用户可以使用代码来完成整个建模工作，不再纠结于鼠标选中的组件与工具切换是否成功。OpenSCAD 生成的代码也可以被其他软件调用，当用户的部件库积累到一定数量时，使用起来就会十分方便。总体来说，OpenSCAD 适合有一定编程基础的爱好者使用，如果用户只想设计一个简单的模型，可以选择其他的建模软件。

3. SketchUp

特点：界面友好，易学易用，组件资源丰富。

SketchUp(又名草图大师)界面简洁独特，适用范围广，很适合构建园林、景观、室内场景以及工业设计等领域的模型。但是，SketchUp 无法直接生成切片软件识别的 STL 文件，用户需要使用其他模型预览软件并转换保存方式，如使

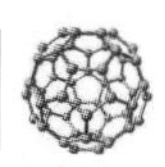

用 MeshLab 将其转换为 STL 格式。

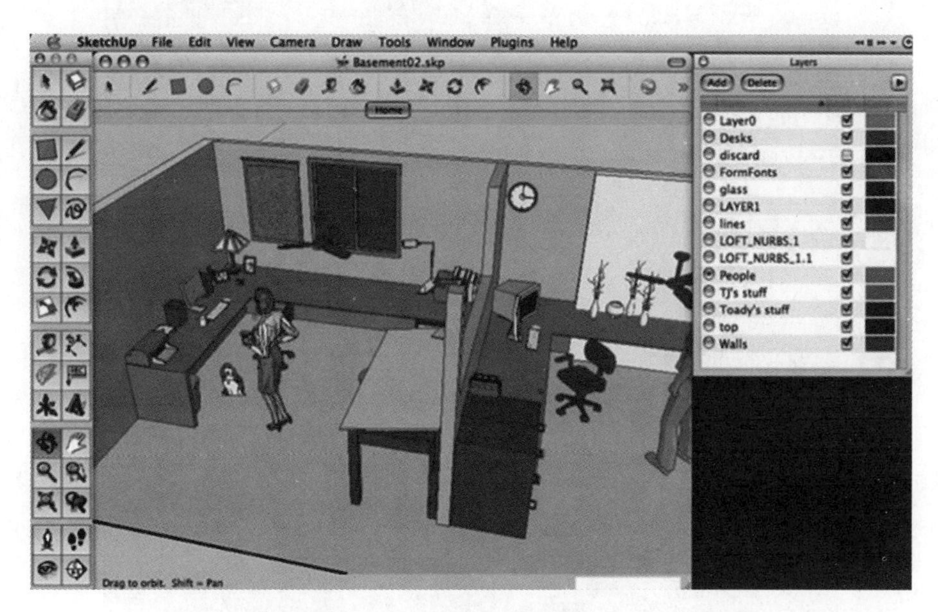

图 6－13　SketchUp 软件效果图

6.2.2　CG 建模软件

和参数化建模软件相比，CG 建模软件更容易被初学者接受。CG 建模软件只需要使用鼠标进行平面间的布尔运算就可以完成模型的建立。但是 CG 建模的步骤较多，过程也较为烦琐，容易出错，需要使用者对生成的模型进行后期加工。这类常见的软件有 3ds Max、Maya 等。

1. 3ds Max 和 Maya

特点：为专业级的建模软件，场景渲染能力强大。

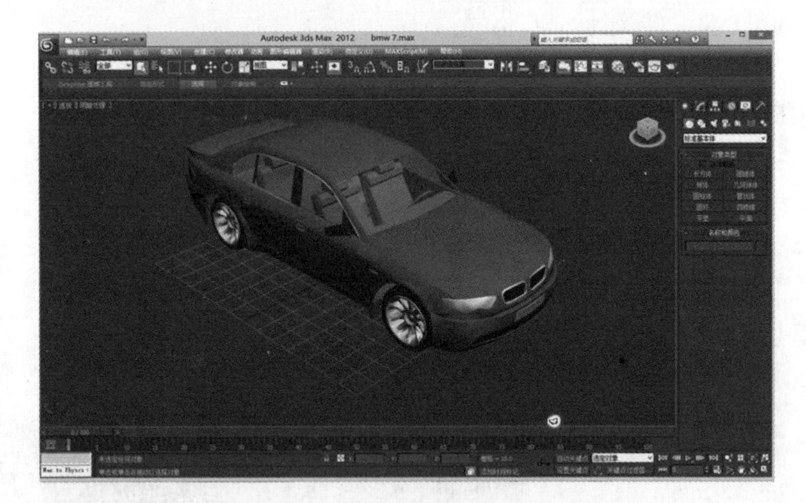

图 6 - 14　3ds Max 2012 软件界面

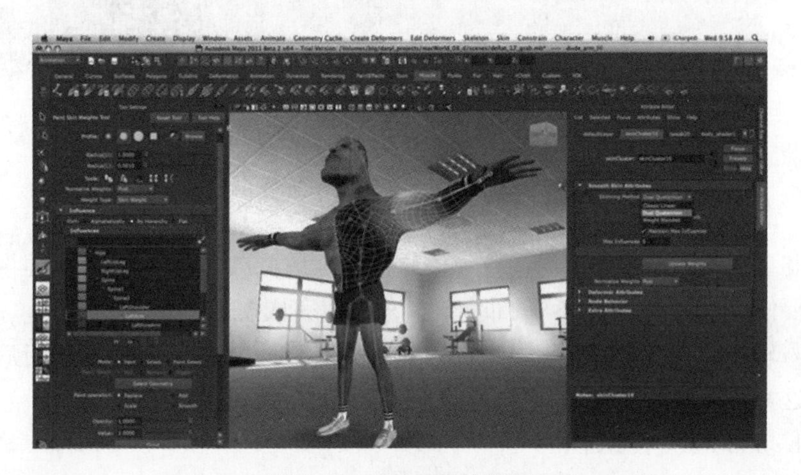

图 6 - 15　Maya 软件界面

3ds Max 和 Maya 是 Autodesk 公司旗下独立的两款软件，3ds Max 属于中端建模软件，易学易用；Maya 属于高端建模软件，渲染能力更强，但是对于构建一个 STL 模型文件来说，强大的场景渲染能力没有任何用武之地，所以笔者将它们归为一类。

2. Rhinoceros（犀牛软件）

特点：电脑配置要求低，内容精悍，容易上手

如图 6 - 16 所示，Rhinoceros 广泛应用于工业制造、科学研究、机械设计和

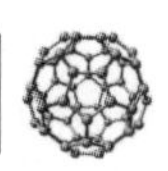

珠宝设计等领域。Rhinoceros 对系统和电脑配置的要求非常低，除非用户的操作系统低于 Windows 95，或者机器配置在 486 以下，否则在安装前完全不用考虑该软件是否可以在电脑上运行的问题。

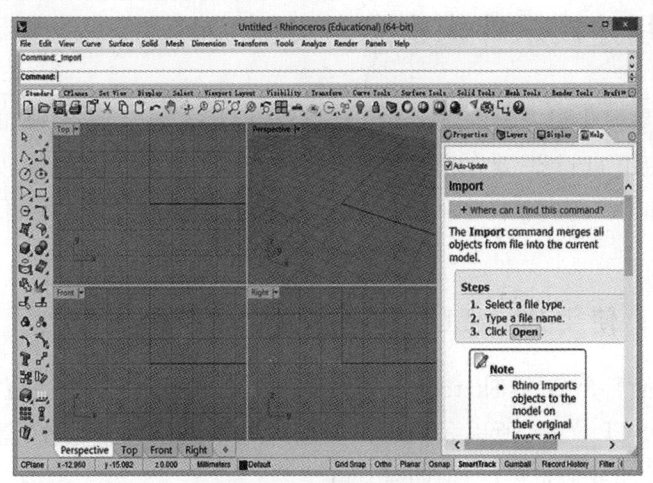

图 6－16　犀牛软件截图

3. Meshmixer

特点：专用于模型拼接与修补。

如图 6－17 所示，这款软件并不像上述所介绍的其他软件一样可以设计出

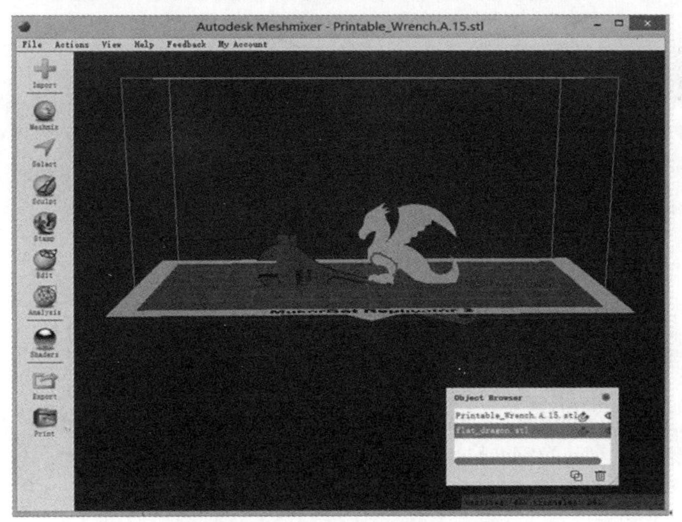

图 6－17　Meshmixer 软件界面

精妙的模型，而是用来混搭各种不同的 3D 模型。使用 Meshmixer，用户可以轻松地将两个毫无关联的模型连接起来。

6.3　使用建模软件构建模型实例

无论是参数化建模软件还是 CG 建模软件，都需要使用一段时间才能快速流畅地设计出自己想要的模型。下面我们分别以参数化建模软件中的 SketchUp 和 CG 建模软件中的 3ds Max 为例，介绍如何创建一个可以打印的中文字牌。

6.3.1　使用 SketchUp 构建中文字牌模型实例

正如上面所介绍的，SketchUp 界面友好，易学易用，但是无法直接生成切片软件识别的 STL 文件，所以我们还需要用到一款模型预览软件将模型转化成 STL 格式，这里我们选用的是 MeshLab。

第一步，打开 SketchUp，选择“建筑单位——毫米”为模板，进入程序。

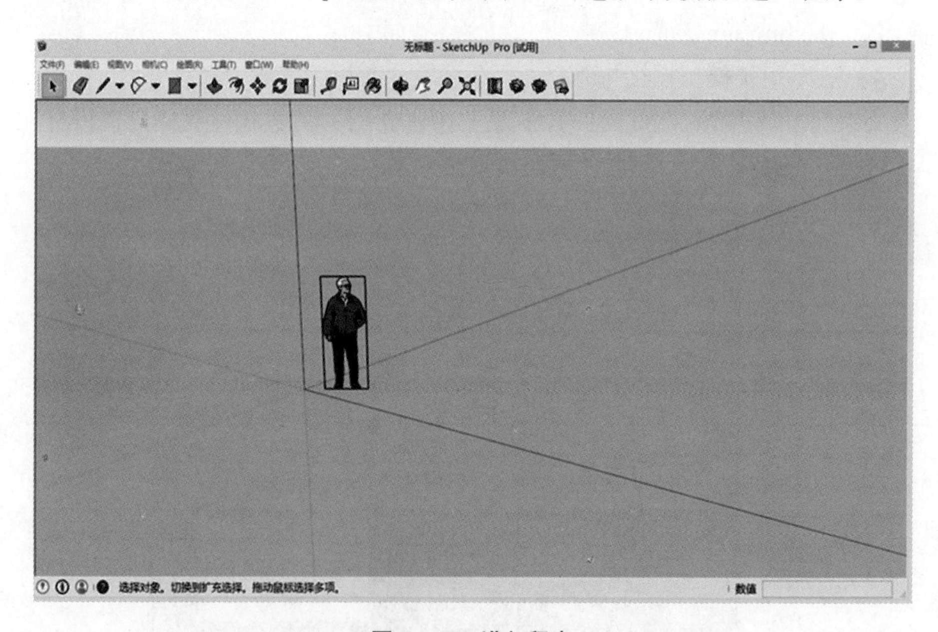

图 6-18　进入程序

第二步，选中任务模型，按“Delete”键将人物模型删除。

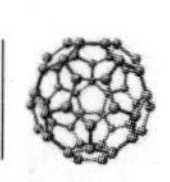

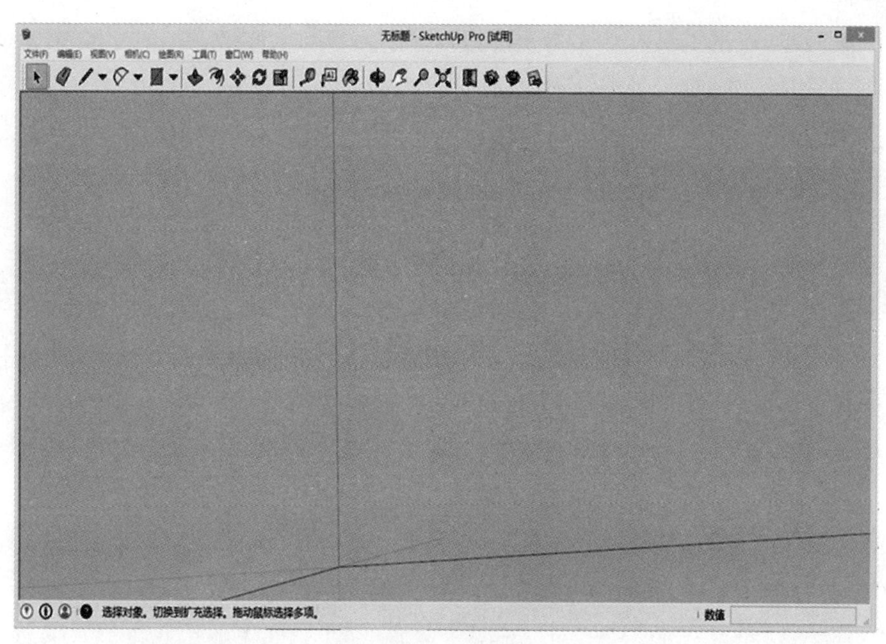

图 6－19　点击删除

第三步，滑动鼠标滚轮，将场景视角转向俯视视角。

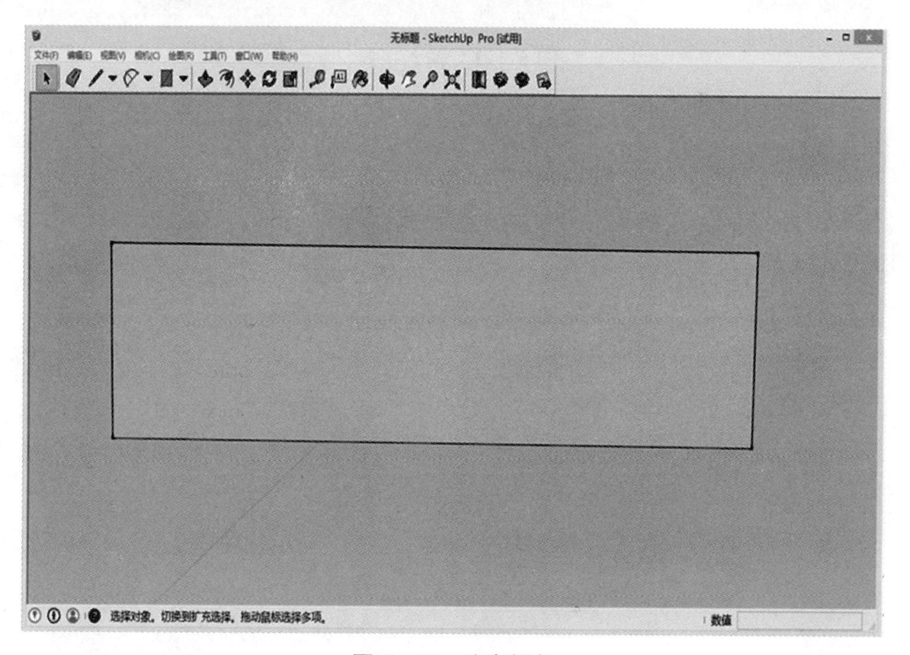

图 6－20　改变视角

第四步，点击工具栏中的按钮，在场景中点击左键，并输入“400，100”（注意使用英文字符），敲击“Enter”键。

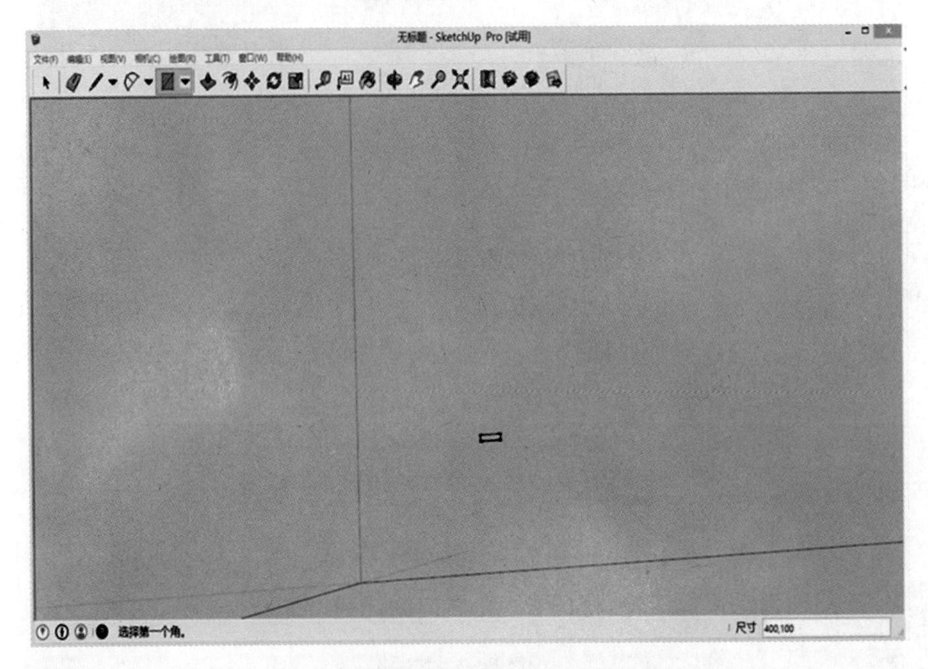

图 6－21　输入字符

第五步，滚动滑轮，将模型缩放至合适位置。点击按钮，选中刚刚所画的矩形，键盘输入“5”，敲击“Enter”键。

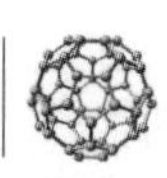

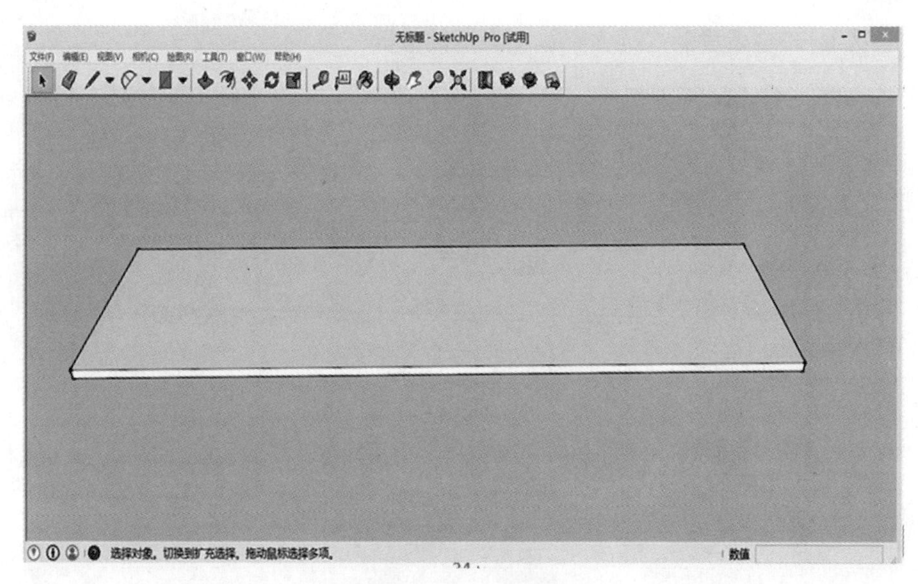

图 6－22　选中矩形

第六步，在菜单栏中选中“工具”→“三维文字”，在之后出现的对话框里，长度框和宽度框分别输入“85”和“10”。

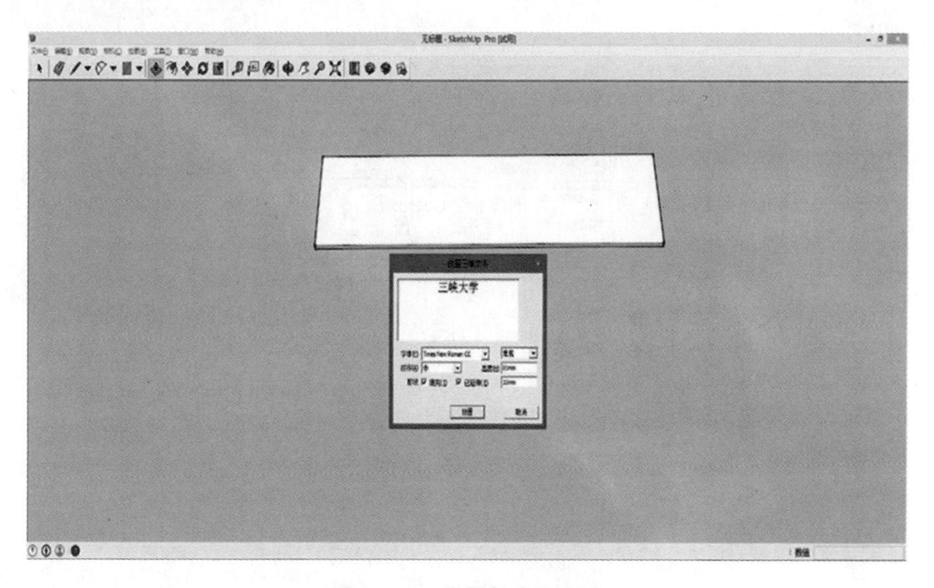

图 6－23　设置长度和宽度

第七步，将生成的三维文字放在合适的位置。

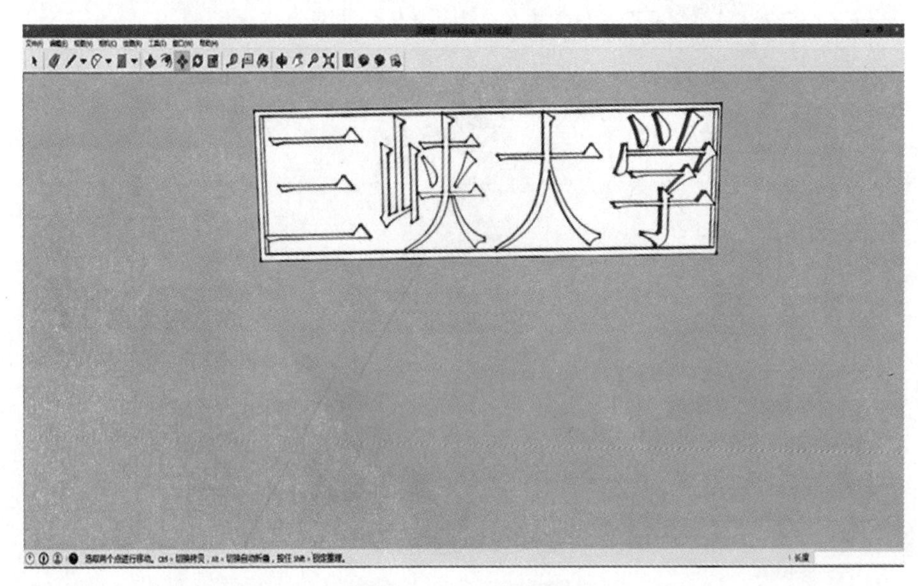

图 6－24　改变位置

第八步，将生成的模型文件导出。在菜单栏中选择“文件”→“导出”→“三维模型”。

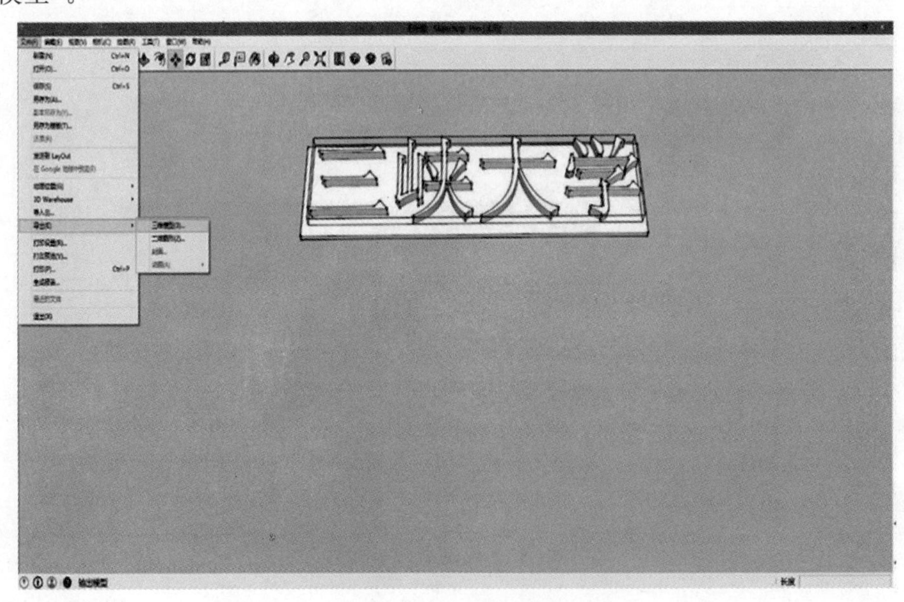

图 6－25　文件导出

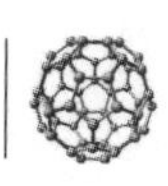

第九步，利用 MeshLab，将生成模型导入。

第十步，使用 MeshLab 将文件格式转换成 STL 格式。

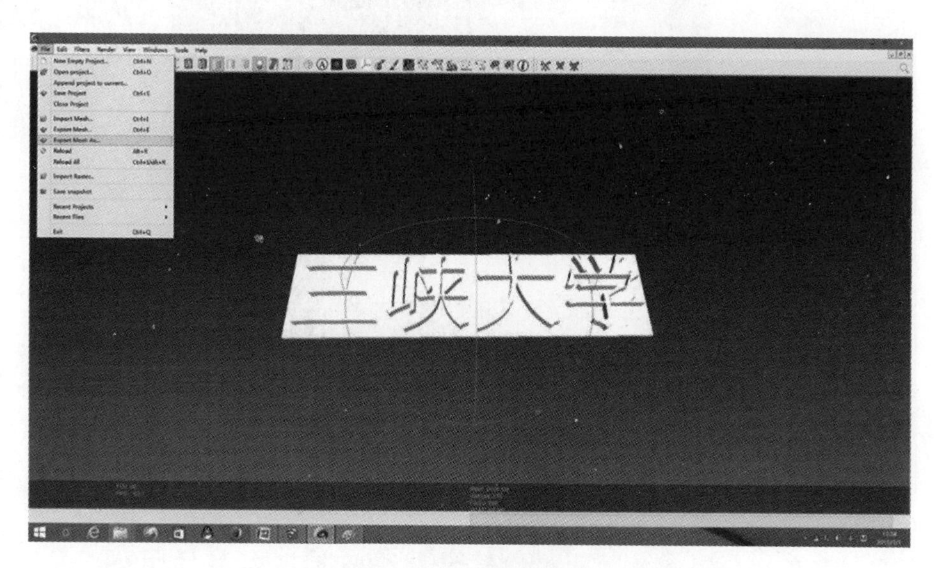

图 6－26　完成效果图

到此，利用 SketchUp 创建中文字牌模型的工作已经全部完成了。

6.3.2　使用 3ds Max 构建中文字牌模型实例

下面我们简单介绍利用 3ds Max 建立字牌模型的一般步骤。

第一步，在菜单栏中选择“创建”→“图形”→“文本”。

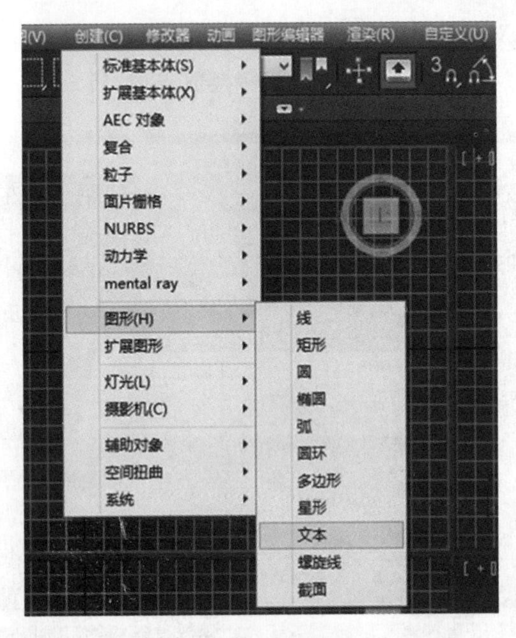

图 6－27　选择文本

第二步，在右下角的文本框内输入“3D 打印”四个字，大小选择 30.0，在左上角的中心位置点击，放置二维文字。

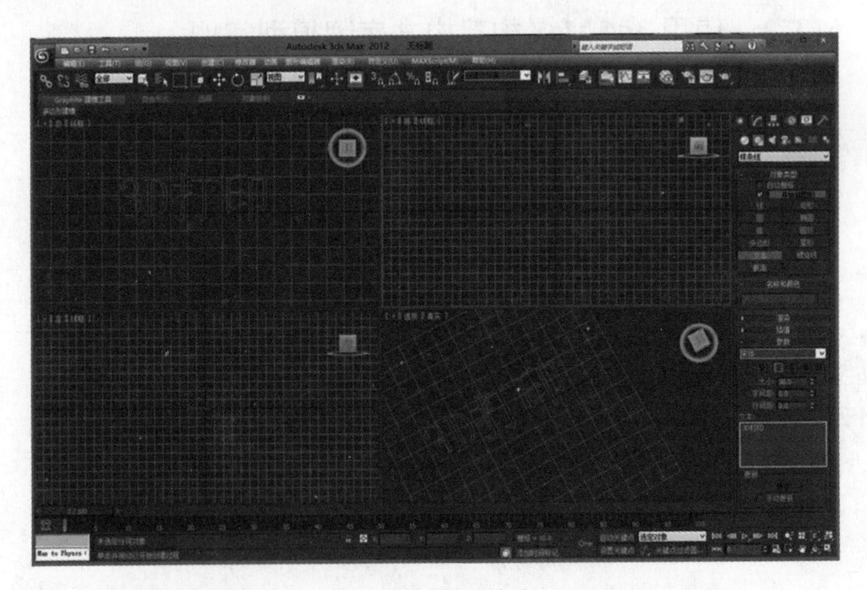

图 6－28　输入内容

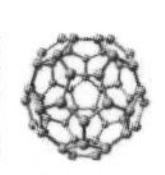

第三步，选中刚刚放置的二维文字，在菜单栏中找到“修改器”→“网格编辑”→“挤出”，将二维文字扩展成三维文字，也可以在窗口右下角“参数”窗口中手动输入拉伸的高度。

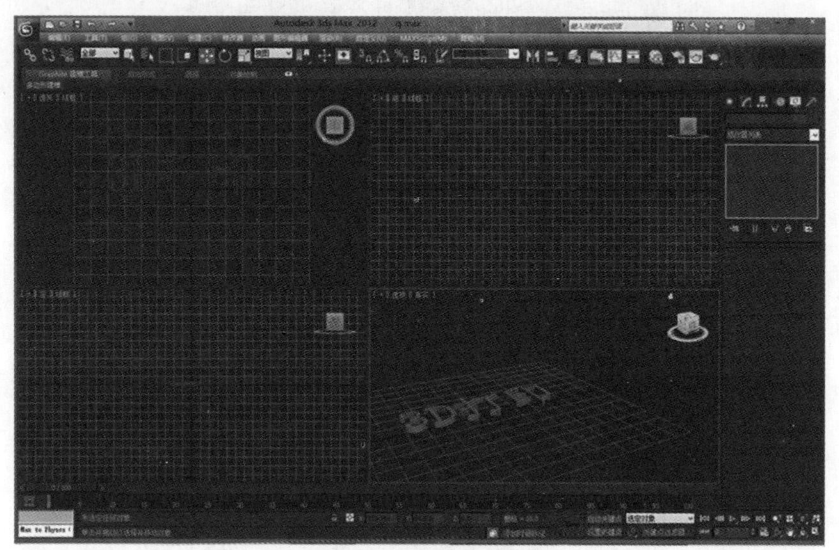

图6－29　扩展文字

第四步，在菜单栏中选择“创建”→“标准基本体”→“长方体”，在左上角俯视图的位置拖动一个合适的长方体，也可以在窗口的右下角输入长方体的长宽高。

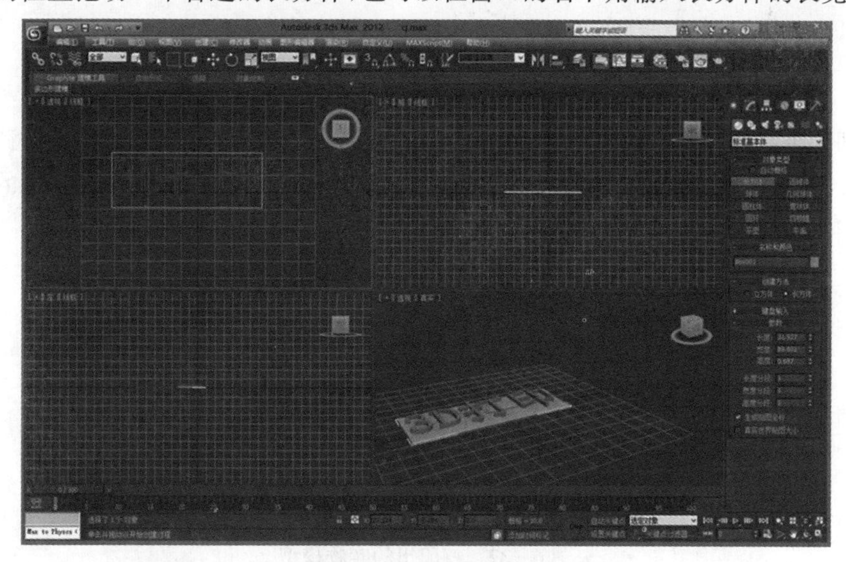

图6－30　输入长宽高

第五步，将生成的两个组件选中，点击“导出”→“导出选定对象”，将文件保存为 STL 格式。

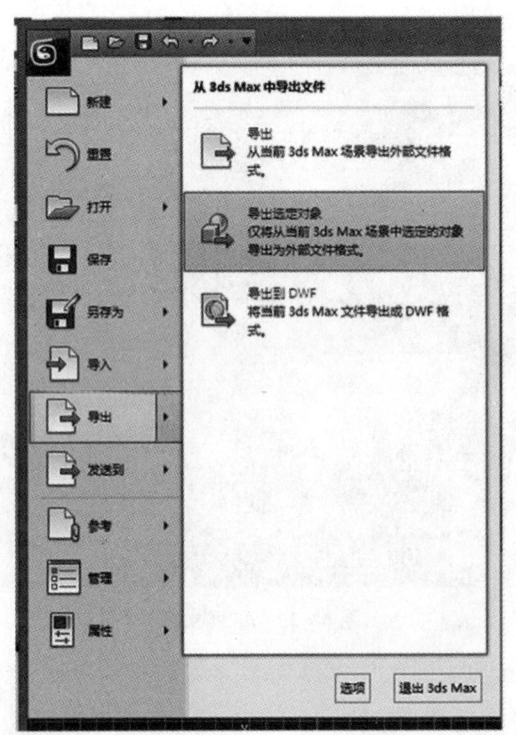

图 6-31　保存为 STL 格式

至此，利用 3ds Max 建立模型的一般步骤就已经全部结束了，用户可以利用得到的模型参照第四章的打印流程进行下一步操作。如图 6-32 所示，是将“三峡大学”字样的字牌打印出的实物图。用户也可以自己动手设计其他好玩的模型，利用 3D 打印技术生成实物模型。

图 6-32　打印出的实物模型

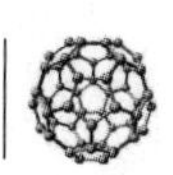

思考题

1. 请通过互联网浏览国内外优秀的 3D 打印模型网站，并总结各自的特点。
2. 请利用 SketchUp 构建自己名字的 3D 打印模型，并利用 3D 打印机打印出来。

参考文献

[1] (美)佩蒂斯(Pettis,B.),(美)弗朗斯(France,A.K.),等.爱上3D打印机[M].北京:人民邮电出版社,2015.3.

[2] (美)胡迪·利普森,等.3D打印:从想象到现实[M].北京:中信出版社,1970.

[3] 韩霞,杨恩源.快速成型技术与应用[M].北京:机械工业出版社,2012.

[4] (美) Brian Evans.解析3D打印机:3D打印机的科学与艺术[M].北京:机械工业出版社,2014.

[5] 赵保军,汪苏,陈五一.STL数据模型的快速切片算法[J].北京航空航天大学学报,2004,30(4):330-332.

[6] Brent Stucker. Additive manufacturing technologies: Technology introduction and business implications[J]. Frontiers of Engineering:Reports on Leading-Edge Engineering from the 2011 Symposium,2012:5-14.

[7] Zhai Y, Lados D A, Lagoy J L. Additive Manufacturing: Making Imagination the Major Limitation [J]. Jom the Journal of the Minerals Metals & Materials Society,2014,66(5):808-816.

[8] Fessler J, Merz R, Nickel A, et al. Laser Deposition of Metals for Shape Deposition Manufacturing[C]//Solid Freeform Fabrication Symposium, 1996:117-124.

[9] Ad van Wijk,Iris van Wijk. 3D Printing With Biomaterials Towards A Sustainable And Circular Economy[M]. IOS Press,2013:13-20.

[10] Peng Songa,Zhongqi Fub, Ligang Liub, Chi-Wing Fu. Printing 3D Objects with Interlocking parts[M]. Computer Aided Geometric Design. 2015

(5):137－148.
[11] Shapeways,http://www. shapeways. com/
[12] Thingiverse,http://www. thingiverse. com/
[13] Youmagine,https://www. youmagine. com/
[14] Myminifactory,https://www. myminifactory. com/
[15] 打印虎,http://www. dayinhu. com/
[16] 3Dhoo,http://www. 3dhoo. com/
[17] 523DP,http://www. 523dp. com/
[18] 3D printing industry,http://3dprintingindustry. com/
[19] 昵图网,http://www. nipic. com/index. html
[20] 江西日报,http://www. jxnews. com. cn/jxrb/
[21] 太平洋电脑网,http://www. pconline. com. cn/
[22] 中国 3D 打印网,http://www. 3ddayin. net/
[23] 腾讯新闻,http://news. qq. com/
[24] 天工社,http://maker8. com/
[25] 石狮网,http://www. chinashishi. net/
[26] WIRED,http://www. wired. com/
[27] 扬子晚报,http://www. yangtse. com/
[28] 人民政协网,http://www. rmzxb. com. cn/index. shtml
[29] EDAG,http://www. edag. com/
[30] 知乎,http://www. zhihu. com/
[31] NASA,http://www. nasa. gov/
[32] Reprap,http://www. reprap. org/
[33] Arduino,https://www. arduino. cc/
[34] 开源硬件知识库,http://kb. open. eefocus. com/
[35] Ultimaker,http://ultimaker. com/
[36] 百度百科,http://baike. baidu. com/
[37] KISSlicer,http://www. kisslicer. com/download. html
[38] Repetier,http://www. repetier. com/
[39] 易登网,http://www. edeng. cn/
[40] 中国电子 DIY,http://www. ndiy. cn/

[41] 3D 小蚂蚁，http://www. 3dxmy. com/

[42] 3D Printing DIY，http://www. 3dprinter-diy. com/

[43] 三达网，http://www. 3dpmall. cn/

[44] Stratasys，http://www. stratasys. com. cn/

[45] MeshLab，http://meshlab. sourceforge. net/

[46] Netfabb，http://www. netfabb. com/

[47] Cura，https://ultimaker. com/en/products/cura-software

[48] Slic3r，http://slic3r. org/

附录　G-code 代码含义注解

G0：快速（速度加倍），非同步运行到指定位置。

例如：{G0 [X] [Y] [Z] [E] [F]}

G1：同步运行到指定位置。

例如：{G1 [X] [Y] [Z] [E] [F]}

G4：延时指定的 ms 数。

例如：{G4 P}

G20：设置英制单位。

G21：设置公制单位。

G28：回到原点。

例如：{G28 [X0] [Y0] [Z0] [E0]}

G90：使用相对坐标。

G91：使用绝对坐标。

G92：设定当前坐标。

M0：关闭 $X/Y/Z/E$ 电机，使挤出头和热床的目标温度为 0。

例如：{M0}

控制板返回：{ok}；

M17：使能 $X/Y/Z/E$ 电机，使电机处于使能状态。

例如：{M17}

控制板返回：{ok}；

M18：禁止使能 $X/Y/Z/E$ 电机，使电机处于自由状态.

例如：{M18}

控制板返回：{ok}；

M20:列出 SD 卡中文件目录。

例如:{M20}

控制板返回:{Begin file list/.../.../... End file list ok};

M21:SD 卡初始化。

例如:{M21}

控制板返回:{ok};

M22:释放 SD 卡,使之无效。

例如:{M22}

控制板返回:{ok};

M23:选择要打印的文件名。

例如打印 cube. gcode 文件:{M23 cube. gcode}

控制板返回:{ok file size: 2500};

或者返回:{ok file open failed};

M24:启动 SD 卡打印。

例如:{M24}

返回:{ok};

M25:暂停 SD 卡打印。

例如:{M25}

控制板返回:{ok};

M27:获取 SD 卡打印状态信息,返回已打印百分比。

例如:{M27}

控制板返回:

1. 正在打印过程:{ok 10.53%};

2. 暂停打印:{ok pause printing};

3. 不在 SD 卡打印状态:{ok no sd printing};

M28:保存命令到 SD 卡中指定非数字开头的文件中。

例如:{M28 test. gcode}

控制板返回:{ok};

M29:停止 SD 卡打印。

例如:{M29}

控制板返回:{ok};

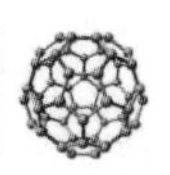

M80:开启 ATX 电源并使 $X/Y/Z$ 方向及出料马达可用。

例如:{M80}

控制板返回:{ok Power on and enable X/Y/Z/E motor idle holding.};

M81:关闭 ATX 电源,禁用 X/Y/Z/E 马达。

例如:{M81}

控制板返回:{ok Power off and stop X/Y/Z/E motor idle holding.};

M84:禁用 X/Y/Z/E 马达。

例如:{M84}

返回:{ok Stop X/Y/Z/E motor idle holding.};

M92:查询/设置各轴单步距离(mm) 参数。

例如:

1. 查询各轴单步距离(mm):{M92}

   控制板返回:{ok X:100 Y:200 Z:100 E:150};

2. 设置 Y 轴 steps per mm 参数为 120:{M92 Y120}

   控制板返回:{ok};

3. 设置 Y 轴参数为 130,Z 轴参数为 150:{M92 X130 Z150};

   控制板返回:{ok};

M104:查询/设置挤出头温度。

例如:

1. 设置挤出头温度为 230℃:{M104 S230}

   控制板返回:{ok};

2. 查询挤出头设置温度:{M104}

   控制板返回:{ok 123};

M105:查询挤出头和热床当前温度。

例如:{M105}

控制板返回:

USB 端口:{ok T:210.0 B:100.0};

HMI 端口:{ok T:210.0 / 230.0 B:100.0 / 110.0};

M106:查询/设置风扇开关。

例如:

1. 关闭风扇：{M106 S0}
   控制板返回：{ok off. }；
2. 设置风扇转速：{M106 S255}
   控制板返回：{ok on. }；
3. 查询当前风扇状况：{M106}
   控制板返回：{ok on. }；或者{ok off. }；

M107：强制关闭风扇。
例如：{M107}
控制板返回：{ok}；

M108：设置挤出头速度。
例如：
设置挤出速度为 320：{M108 S320}
控制板返回：{ok}；

M109：设置挤出头温度并等待温度到设定值。
例如：
设置挤出头温度为 200℃：{M109 S200}
控制板返回：{ok}；

M110：设置行号。
例如：
设置最大行号：{M110}
控制板返回：{ok}；

M111：暂时不可用。

M112：紧急停机关闭所有电源。
例如：{M112}
控制板返回：{ok}；

M113：暂时不可用。

M114：查询当前 $X/Y/Z/E$ 位置。
例如：{M114}
控制板返回：{ok C：X：2. 2 Y：3. 3 Z：4. 4 E：7. 8 mm}；
或：{ok C：X：2. 2 Y：3. 3 Z：4. 4 E：7. 8 inch}；

M115：查询当前固件版本信息。

例如：{M115}

控制板返回：{ok FIRMWARE _ NAME：Andciv － 13.7251 FIRMWARE _ URL：http://www. andciv. com PROTOCOL _ VERSION：1.0 MACHINE_TYPE：Andciv}；

M116：等待所有的温度到指定目标。

例如：{M116}

控制板返回：{ok}；

M119：查询限位开关状态。

例如：{M119}

控制板返回：{ok x_min：H y_min：H z_min：L }；

M130：设置/查询加热 PID 比例 P 参数。

例如：

1. 查询热床 PID 之 P 参数：{M130 P3}
   控制板返回：{ok M130 ：Bed PID－P ：500}；
2. 设置第一挤出头 P 值为 320：{M130 P0 S320}
   控制板返回：{ok M130 ：Extruder 1 PID－P Saved. }；
3. 查询第一加热头 PID 积分最大值：{M130 P10}
   控制板返回：{ok M130 ：Extruder 1 PID Error Max Limit ：100000}
4. 设置热床 PID 积分最大值为 200000：{M130 P13 S200000}
   控制板返回：{ok M130：Bed PID Error Max Limit Saved. }；

M131：设置/查询加热 PID 比例 I 参数及 PID 前馈温度值。

例如：

1. 查询热床 PID 之 I 参数：{M131 P3}
   控制板返回：{ok M131：Bed PID－I：200}；
2. 设置第一挤出头 I 值为 30：{M131 P0 S30}
   控制板返回：{ok M131：Extruder 1 PID－I Saved. }；
3. 查询第一加热头前馈温度值：{M131 P10}
   控制板返回：{ok M131：Extruder 1 PID Feedforward ：20}；
4. 设置热床前馈温度值为 5：{M131 P13 S5}
   控制板返回：{ok M131：Bed PID Feedforward Saved. }；

M132:设置/查询加热 PID 比例 D 参数。

例如:

1. 查询热床 PID 之 D 参数:{M132 P3}

   控制板返回:{ok M132 : Bed PID—D : 1000};

2. 设置第一挤出头 D 值为 5:{M132 P0 S5}

   控制板返回:{ok M132 : Extruder 1 PID—D Saved. }

M133:设置/查询最大温度限制值。

例如:

1. 查询热床最大温度限制值:{M132 P3}

   控制板返回:{ok 100};

2. 设置第一挤出头最大温度限制值:{M132 P0 S230}

   控制板返回:{ok};

M134:保存当前设置到 flash 中。

例如:

1. 查询第一挤出头 PID 参数:{M136 P0}

   控制板返回:{ok extruder_1_pid_p:100 , extruder_1_pid_i:500, extruder_1_pid_d:3 };

2. 查询所有加热通道 PID 参数:{M136}

   控制板返回:{ok extruder_1_pid_p:100 , extruder_1_pid_i:500, extruder_1_pid_d:3, extruder_2_pid_p:100, extruder_2_pid_i:500, extruder_2_pid_d:3, extruder_3_pid_p:100, extruder_3_pid_i:500, extruder_3_pid_d:3, bed_pid_p:100, bed_pid_i:500, bed_pid_d:3 };

M140:设置/查询热床温度。

例如:

1. 设置热床温度为 110℃:{M140 S110}

   控制板返回:{ok};

2. 查询热床设置温度:{M140}

   控制板返回:{ok 110};

M190:开启 ATX 电源,使 *X*/*Y*/*Z*/*E* 轴电机可用。

例如:{M190}

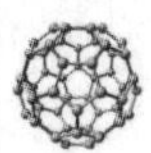

控制板返回:{ok};

M191:关闭 ATX 电源,禁用 $X/Y/Z/E$ 电机。

例如:{M191}

控制板返回:{ok};

M200:查询/设置各轴单步距离(mm) 参数。

例如:

1. 查询各轴单步距离(mm):{M200}

   控制板返回:{ok X:100 Y:200 Z:100 E:150};

2. 设置 Y 轴 steps per mm 参数为 120:{M92 Y120}

   控制板返回:{ok};

3. 设置 Y 轴参数 130,Z 轴参数 150:{M92 X130 Z150};

   控制板返回:{ok};

M202:设置/查询 $X/Y/Z/E$ 最大速度。

例如:

1. 查询当前最大速度:{M202}

   控制板返回:{ok X:1000 Y:2000 Z:1500 E:10000};

2. 设置 X 轴最大速度为 2400,Y 轴最大速度为 3000:{M202 X2400 Y3000}

   控制板返回:{ok};

M206:设置/查询加速度。

例如:

1. 查询当前加速度:{M206}

   控制板返回:{ok 500};

2. 设置当前加速度为 400:{M206 X400}

   控制板返回:{ok};

M220:设置/查询速度倍率。

例如:{M220}

控制板返回:{ok 100};

M300:设置蜂鸣器响声频率和时间。

例如:设置 1000hz 响 500ms　{M300 S1000 P500}

控制板返回:{ok};

M600：打印当前配置参数。

例如：{M600}

控制板返回：

{ machine_model = 19760423 maximum_feedrate_x = 19000 maximum_feedrate_y = 19000 maximum_feedrate_z = 1200 maximum_feedrate_e = 19000 search_feedrate_x = 820 search_feedrate_y = 820 search_feedrate_z = 120 search_feedrate_e = 260 homing_feedrate_x = 1200 homing_feedrate_y = 1200 homing_feedrate_z = 1200 steps_per_mm_x = 80.000 steps_per_mm_y = 80.000 steps_per_mm_z = 400.000 steps_per_mm_e = 60.000 acceleration = 200.000 junction_deviation = 0.050 home_pos_x = 0.000 home_pos_y = 0.000 home_pos_z = 100.799 home_direction_x = −1 home_direction_y = 1 home_direction_z = 1 printing_vol_x = 140 printing_vol_y = 140 printing_vol_z = 100 have_dump_pos = 1 dump_pos_x = −60 dump_pos_y = −60 have_rest_pos = 1 rest_pos_x = −95 rest_pos_y = 80 have_wipe_pos = 1 wipe_entry_pos_x = −55 wipe_entry_pos_y = −40 wipe_pos_x = −55 wipe_pos_y = −40 wipe_exit_pos_x = 0 wipe_exit_pos_y = 0 steps_per_revolution_e = 3200 wait_on_temp = 1 heater_pwm_frequency = 2000 enable_extruder_1 = 1 store_parameters_to_flash = 1 enable_steppers_when_start = 0 auto_power_off_seconds = 30 extruder_1_sensor_type = 1 extruder_1_pid_p = 200 extruder_1_pid_i = 2000 extruder_1_pid_d = 1000 extruder_1_pid_limit = 200 extruder_1_deadband = 0 extruder_1_heater_duty = 0 bed_sensor_type = 0 bed_pid_p = 1 bed_pid_i = 1 bed_pid_d = 1 bed_deadband = 0 extruder_2_sensor_type = 0 extruder_2_pid_p = 1 extruder_2_pid_i = −1 extruder_2_pid_d = −1 extruder_2_deadband = −1 extruder_3_sensor_type = −1 extruder_3_pid_p = −1

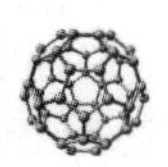

extruder_3_pid_i = -1 extruder_3_pid_d = -1 extruder_3_deadband = -1 motor_current_setting_x = 50 motor_current_setting_y = 100 motor_current_setting_z = 150 motor_current_setting_e = 200 ok}

M601:保存当前配置参数到 SD 卡中的 andciv_saved.cfg 中。

例如:{M601}

控制板返回:{ok};

M650:设置/查询回原点后 X/Y/Z 的坐标值。

例如:

1. 查询回原点后 X/Y/Z 的坐标值:{M650}

   控制板返回:{ok X:0 Y:0 Z:105};

2. 设置回原点后 X 轴的坐标值为 2,Z 轴的坐标值为 102.5:{M650 X2 Z102.5}

   控制板返回:{ok};

M651:设置/查询打印平台尺寸,尺寸只接受整数值。

例如:

1. 查询打印平台尺寸:{M651}

   控制板返回:{ok X:120 Y:102 Z:120};

2. 设置打印平台尺寸 x=100,y=100,z=150:{M651 X100 y100 Z150}

   控制板返回:{ok};

M708:请求 HMI 固件更新。

例如:

1. 查询是否有可更新 HMI 固件:{M708}

   找到,控制板返回:{ok ready. size: 123456};

   未找到,控制板返回:{ok no ready. };

2. 请求发送一帧数据:{M708 S1}

   控制板返回:{ok 1 B0 B1 B2 ... B510 B511 CRC};

M709:查询/设置温度传感器类型。

例如:

1. 查询当前温度传感器:{M709}

控制板返回:{ok S0:0,S1:0,S2:0,S3:1};

2. 设置第 1 挤出头采用 AD597 K 型温度传感器:{M709 S0 P1}

控制板返回:{ok};

M710:查询/设置马达驱动电流。

例如:

1. 查询当前电流设置:{M710}

控制板返回:{ok X:50 Y:100 Z:150 E:200};

2. 设置 X 轴电流当量为 120:{M710 X120}

控制板返回:{ok};

3. 设置 X 轴电流当量 130,Z 轴电流当量 90:{M710 X130 Z90}

控制板返回:{ok};

M711:查询/设置温度采样周期 ms 数。

例如:

1. 查询当前温度采样周期 ms 数:{M711}

控制板返回:{ok 30};

2. 设置温度采样周期数 50 ms:{M711 S50}

控制板返回:{ok};

M713:查询/设置打印时限位无效标记值。

例如:

1. 查询当前打印时限位无效标记:{M713}

控制板返回:{ok 1};

2. 设置打印时限位开关有效:{M713 S0}

控制板返回:{ok};

3. 设置打印时限位开关无效:{M713 S1}

控制板返回:{ok};

M714:查询/设置软限制功能。

例如:

1. 查询当前打印时软限位无效标记:{M714}

控制板返回:{ok};

2. 设置打印时软限位开关有效:{M714 S0}

控制板返回:{ok};

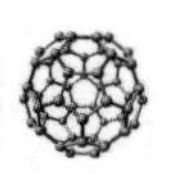

3. 设置打印时软限位开关无效：{M714 S1}

控制板返回：{ok}；

M715：设置/查询原点时电机转动方向。

例如：

1. 查询当前探寻原点时电机转动方向：{M715}

控制板返回：{ok X：-1 Y：-1 Z：1}；

2. 设置复位时 X 轴电机反转：{M715 X1}

控制板返回：{ok}；

M716：查询/设置自动关闭电机延迟秒数。

例如：

1. 查询当前自动关闭电机延迟秒数：{M716}

控制板返回：{ok 30}；

2. 设置自动关闭电机延迟秒数 300 秒：{M716 S300}

控制板返回：{ok}；

M717：查询当前运动速度(mm/min)。

例如：

1. 查询当前是否启用 G1 实现 G0 功能：{M718}

控制板返回：{ok 1}；

2. 设置用 G1 实现 G0 功能：{M718 S0}

控制板返回：{ok}；

M718：查询/设置禁 G1 实现 G0 功能。

例如：

1. 查询当前是否启用 G1 实现 G0 功能：{M718}

控制板返回：{ok 1}；

2. 设置用 G1 实现 G0 功能：{M718 S0}

控制板返回：{ok}；

M719：启动/退出虚拟 U 盘功能。

例如：

1. 进入 U 盘模式：{M719 S1}

控制板返回：{ok U Disk}；

或：{ok Bad U Disk}；

2. 退出 U 盘模式：{M719 S0}

注：退出 U 盘模式会引起系统复位。

M720：软件复位系统。

例如：{M720}

M721：加载默认参数。

例如：{M721}

控制板返回：{ok load default parameters. }；

M722：设置/查询加热传感器/加热器保护上限参数检测周期。

例如：

1. 查询加热传感器保护上限检测周期。

控制板返回：{ok}；

2. 设置加热器保护上限检查周期为 30s：{M722 P3 S30}

控制板返回：{ok}；

M723：设置/查询挤出头/热床保护阈值。

例如：

1. 查询挤出头保护阈值：{M723 P0}

控制板返回：{ok 10}；

2. 设置挤出头保护阈值 10℃：{M723 P0 S10}

控制板返回：{ok}；

M724：设置/查询挤出头/热床保护窗口。

例如：

1. 查询挤出头保护窗口：{M724 P0}

控制板返回：{ok}；

2. 设置挤出头保窗口值 3℃：{M724 P0 S3}

控制板返回：{ok}；

M725：设置/查询挤出头/热床保护上限温度。

例如：

1. 查询挤出头保护上限温度：{M725 P0}

控制板返回：{ok 280}；

2. 设置挤出头保护上限温度 290℃：{M725 P0 S290}

控制板返回：{ok}；

M726:查询加热器加热功率百分比。

例如:{M726}

控制板返回:{ok M726: Extruder Power: 50% , Bed Power: 10%}

M727:LCD首页内容查询专用。

例如:{M727}

控制板返回:

{ok M727: TH:20, TS:0, BH:0, BS:0, PH:0, PB:0, XL:L, YL:L, ZL:H, FA:OFF, CX:0, CY:0, CZ:0, CE:0, no sd printing};